目次

はじめに

タイトルの『ウミガメは１００キロ沖で恋をする』は、じつは正確ではない。現在、世界にウミガメは７種いるが、産卵海岸の１００キロ沖で恋をするのはオサガメだけだ。

みなさんは不思議に思わないだろうか。

なぜ、産卵海岸も見えない沖合で交尾をするのか。

どうして、大海原を１万キロ以上も泳いできてオスとメスが出会えるのか。水中はどんなに透明度が高くても水平視界は１００メートルもないのに。

そしてなぜ、産卵海岸に戻ってこられるのか。さまざまな疑問がわき出てくる。

これだけではない。小笠原のアオウミガメはおもに日本の太平洋沿岸に生息しているが、繁殖のために数年おきに１０００キロ以上も離れた小笠原諸島へと戻ってくる。西部北太平洋の広さから考えたら、小笠原の島なんて針の先ほどの大きさだ。小笠原で生まれた稚ガメも何十年もの間、旅をして親になって帰ってくる。

そしてなにより不思議に思っていただきたいのは、世界中で保護活動が盛んなところほど、ウミガメは減少しているということだ。じつに謎ではないか。

ウミガメ養殖で大儲け

僕は生物学者ではないが、ウミガメに携わって45年になる。ウミガメの世界に飛び込んだのは23歳のとき。小笠原諸島でアオウミガメの〝お産婆さん〟をし、以来ずっとウミガメと関わってきた。

世界中にCovid-19が蔓延する2020年1月までに、インドネシアに100回以上通った。過去には、石垣島、パラオ、キューバ、ベトナムの現地調査を行った。日本では九十九里、静岡県の御前崎や湖西市、和歌山県の南部、徳島県の蒲生田や日和佐、愛知県の恋ヶ浜に鹿児島県の吹上浜、宮崎、海外ではマレーシア、フロリダ、オーストラリア、トルコなど、さまざまなウミガメの産卵海岸をみてきた。

現在では「ウミガメのエキスパート」「ウミガメ保護の第一人者」といった具合に紹介されたりもするけれど、いまだにウミガメのことはよくわからないままだし、保護をしているという感覚はない。もっというなら、「保護」という言葉は大嫌いだ。

話をした人からは「ウミガメが好きなんですね」といわれることが多い。しかし、ウミガメを愛でてかわいいと思うわけではない。僕の中にあるのは、仕事として関わる地域のウミガメを絶滅させないという思いだけ。そもそも、ウミガメの仕事をしようと思った動機は金儲けのためだ。いまの人から見れば不純と映るだろう。ウミガメを養殖して一獲千金を狙ったのだ。

いま思えばとても青臭い話だが、若い頃に抱いていた夢は「誰でも歩いて、海の中をみることができる海中遊歩道を造りたい！」というものだった。そこで、大学は東海大学海洋学部海洋科学科（現：海洋地球科学科）へと進んだ。高校は都内でそこそこ有名な中高一貫の進学校だったから、東海大に行くといったときは、同級生たちに「なに、それ？」とあきれられた。ただ唯一、担任の故前田治男先生だけが僕の生き方を認めてくれ、後押しをしてくれた。「大学でクジラの金玉の研究をするのか！」と、冗談めかしながらも励ましてくれたその言葉は、いまでも忘れていない。

団塊の世代の次の世代である僕らは、一流大学を出て一流企業に入って一生安泰という人生を目指すのが当然と思われていた。まさしく格差社会のはじまりだ。そのような人生観への反発もあったのだと思う。大学4年生になって就職活動がはじまり、海底工事を請け負うゼネコンへ会社訪問したりもしたがまったく気乗りがせず、進路を決めかねていた。

友人たちと「ウミガメの養殖は金になるらしい」「カメの肉を売って金儲けをしよう」なんて話が出たのは、年が明けたら卒業という年の瀬も押し詰まった頃だった。

「それなら、俺は肉を貯蔵する冷蔵会社に行く」

「ウミガメを飼育しなきゃいけないから、俺は薬品会社に入るよ」

「俺は、どこにでも行けるように生活費だけを稼いで待機している」

「俺んちは金持ちだから、具体的になったら資金をだすわ」

と、ウミガメ商売の話はなんだか盛り上がり、僕はというと「そんじゃ、俺はウミガメの養殖ができるところに行ってみるかな」と、先遣隊、鉄砲玉役に名乗りをあげたのだった。

傍《はた》からみたら、社会を知らない若者たちの戯れ話だろうが、大学卒業後も僕の中でこのことはくすぶり続けていた。そして卒業した年の10月、朝日新聞の「この人」という小さなコラムを目にしたことで、僕の人生は大きく動きだした。

そのコラムは小笠原諸島にある東京都小笠原水産センター（当時）の倉田洋二所長のインタビュー記事で、倉田さんは「海を海洋牧場に見立てて、ウミガメを増やして将来のタンパク源を確保する」ということを語っていた。

僕らの夢を実現しようとしている人が本当にいる！

これだ！

僕の人生が決まった——。そう思い込んだ僕は、新聞をみた数日後、小笠原行の父島丸に飛び乗った（すぐにでも行きたい気持ちだったが、船は週1便しか出ていない）。竹芝桟橋から父島丸に乗って、39時間かけて小笠原諸島父島の二見港に降り立ち、波止場からそのまま水産センターへ直行。「ウミガメをやりたい！」と倉田さんに直談判したのだ。

倉田さんからしてみれば、どこの馬の骨ともわからない若造がいきなり現れて、ぼそぼそと「ウミガメをやらせてくれ」と訴えている。門前払いされてもしかたのない状況だったが、時代なのか人柄なのか倉田さんは僕の話をちゃんと聞いてくれた。熱意が伝わったのか「来てもいいよ」とふたつ返事で受け入れてくれたのだった。

その言葉を頼りに、再び父島に降り立ったのは1977年2月19日。長く続く僕のウミガメ人生が、こうしてはじまった。

ウミガメのお産婆さん

父島に移住してなにに驚いたって、肝心のカメがいないのだ。僕は小笠原の周りには常に何千頭ものカメがいるものだと思い込んでいた。しかし、よくよく聞けば、当時は漁師さんも年間150頭を捕獲する程度。そもそも、僕はウミガメが回遊する生きものだということさえ知らなかったのだ。

ウミガメのことなどなにも知らず、具体的なプランもなく、ウミガメなんて簡単に増えるものだと短絡的に考えていた。倉田さんのウミガメ海洋牧場構想に刺激されたとはいえ、完全に僕の勝手な「海洋牧場妄想」だった。

研修生として受け入れてもらったものの給料はない。倉田さんに紹介してもらった島の下水処理場でアルバイトをしながら、センターでウミガメについて学んでいった。

とりあえず、カリブ海のグランドケイマン島にある「マリカルチャー社（現：グランドケイマン・ファーム）」という会社が発行するパンフレットや論文を毎日、読み漁った。この会社は当時、アオウミガメの完全養殖を行い、食肉として利用していたのだ。しかし、生物の知識は中学校1年生の授業で習った程度。論文に書かれているウミガメの生理や病理に関しては、まるでちんぷんかんぷんだった。また、ウミガメや養殖について学ぶこと以上に、実際に接することがなにより大切なのだが、そんなことは考えもしていなかった。

僕の最初の仕事はウミガメのエサづくりだった。小笠原では当時、人工ふ化放流事業を行っていて、漁師に捕獲されたウミガメをト殺する前に小笠原水産センターにある生簀に入れ、付属する人工産卵場で卵を産ませていた。そして、ふ化した稚ガメを1か月から7か月の間、水槽で育ててから放流するのだ。

数百匹の魚を三枚におろし骨を取り除き、3ミリ程度のサイコロ状にして稚ガメに与えて、水槽の掃除をする。産卵があれば卵をすぐにバットに入れてふ化場に運び、埋め直す。いわば、ウミガメのお産婆さんだ。そんな仕事を毎日毎日、続けた。

アオウミガメが繁殖のために来遊するシーズンになると（小笠原では4月の終わりに近づく頃、自然の海岸でウミガメの産卵がはじまる）、夜、水産センター職員の木村ジョンソンさんと二人で、ボートで島の周りに点在する海岸を回った。上陸した足跡からウミガメをみつけロープで縛って逆さまにひっくり返し、計測して標識をつけまくる。来遊シーズン中は、地元商店が漁師から仕入れたウミガメのト殺の手伝いもしていて、これはいい小遣い稼ぎになった。

どんな仕事でもそうだと思うが、同じことを続けていると慣れてくるし、腕も上がってくる。そうなると作業自体が楽しくなる。あとになって振り返ると、この時期に繰り返し繰り返し身につけたことが役に立っていると感じる。

地元商店に頼まれてのト殺はウミガメの体の構造を知るいい機会になったし、ジョンソンさんと標識をつけまくったことで、ウミガメが気づかぬうちに標識をつける術を身につけていた。もっというなら、下水処理場でのアルバイトのおかげで、工具の使い方や配管の技術を習得した。人生、なにが役に立つのか本当にわからない。重要なことはその裏にあるものに気づくかどうかだ。僕自身が、それに気づいたのは何十年もたってからだったけれど。

砂浜で産卵巣の卵をいち早くみつけるにはどうすればよいか。砂の中にある卵を確認するために鉄筋の棒を刺すとき、いかに卵を割らずに探し当てられるのか。そんな自分のスキルを上げることにも夢中になっていった。

一方で、どうしたらふ化場のふ化率が上がるのか？　という考えには、なかなか思い至らなかった。当時、ふ化場でのふ化率はたった30％ほど。飼育する稚ガメの生残率が悪くても疑問すら抱かず、どうやったら死んでいく稚ガメを減らせるかなんて考えもしなかった。飼育していた子ガメが排水口に詰まって死んだり、水が溢れ出てカメが逃げ出してしまったり。恥ずかしながら、小笠原での最初の数年間はそんなレベルだったのだ。

ただ、南洋の太陽のまぶしさに目をうばわれ、ひたすら汗にまみれる日々に充実感を感じ、月日は流れていった。

ウミガメ養殖は儲からない！

小笠原に来て5年たった1981年、財団法人東京都海洋環境保全協会が「小笠原海洋センター」を設立し、僕は小笠原水産センターの研修生から正式に財団の職員となった。センターが正式に「ウミガメを増やすための調査研究を行う施設」となったことでいろいろな情報が集まるようになり、僕自身もふ化率や飼育ガメの生残率に多少は関心をもつようになった。

それまで、1シーズンの産卵は漁師の感覚から1〜2回といわれていたけれど、海外でよく行われていた標識を装着してみると、実際は2週間おきに4〜5回産卵することがわかった。

また、卵の中の温度はふ化の2週間ほど前から5〜7度も上昇し、35度以上になると死んでしまうことを海外の論文で知り、ふ化場によしずをかけることでふ化率を80％まで上げることができた。

ふ化率を上げることに夢中になりつつ、僕はあることを確信していた。

「ウミガメの養殖なんて、絶対に採算が合わない」

ウミガメの養殖で一儲けしようと身ひとつで小笠原までやってきたけれど、こりゃ無理だ、と。じつは金儲けだけでなく、ウミガメ養殖によって世界的な問題となっていた貧困と飢餓を解決できるんじゃないかという理想も抱いていたのだが、それも不可能だと。

でも、よくよく考え、あることに気づいたのだ。別に養殖にこだわる必要はないのではないか？　熱帯地域のウミガメを増やせれば、結果としては同じじゃん！

いまの人たちは不思議に思うかもしれないが、ウミガメを守る、増やすという思想は当時の日本にはなかったのだ。

小笠原から世界へ

押しかけの無給の研修生だったのが、小笠原海洋センター設立時に正式な職員となり、10年以上がたってなんとなく副館長になっていた。その頃には小笠原から東京へ出張しては、官庁やウミガメに関わっている人たちと顔を合わせて話をするようになっていた。できない英語を駆使して国際的なウミガメニュースレターへ投稿するようにもなった。

しかし、最初の投稿はというと、小笠原でのふ化場のふ化率データを3年分並べただけのものだった。いま思うと冷や汗ものの未熟で稚拙なレポートだ。しかし、小笠原からの投稿は世界で初めてだったため、小笠原でアオウミガメの産卵があることが知られるようになった。さまざまな国から問い合わせが来るようになり、これでとうとう出口のないウミガメの世界に閉じ込められた、と自覚した。

そして、1987年10月、僕自身にとっては初の国際会議となる「第二回大西洋ウミガメシンポジウム」に一人で出かけ、タイプライターで打った紙をセロハンテープでつなげてポスター発表をするという暴挙に出た。

そのおかげかどうかわからないが、その翌年に環境省が招集した徳島県の日和佐で開催された日本初の国際ウミガメ会議に招かれることとなった。国際自然保護連合（IUCN：International Union for Conservation of Nature and Natural Resources）のウミガメ専門委員が20名近く参加していて、彼らを前に、小笠原のことを一向に上達しない英語で発表した。

この会議には、当時、京都大学大学院でウミガメの研究をしていた亀崎直樹さん（現：岡山理科大学地球生物学部教授）も出席していた。このとき、海外のウミガメ研究者から亀崎さんに「日本の状況はどうなっているのだ？」という質問が投げかけられた。でも、亀崎さんは答えることができなかった。亀崎さんだけじゃない。当時、日本におけるウミガメの状況を把握している人など、誰一人いなかったのだ。

そこで亀崎さんと僕は翌年に日本ウミガメ会議を開催することを掲げ、199

0年「日本ウミガメ協議会」を設立。各地で調査を行っている人たちのネットワークをつくって情報交換をすることで、日本のウミガメが置かれている状況を把握していこうと考えたのだ。

以降はなんだか、怒涛のようにものごとが進んでいったように思う。1995年からは、べっ甲問題にからみ東京都から依頼されてインドネシアでタイマイの調査をはじめ、2年後になりゆきでジャカルタに現地法人を設立。タイマイの保全活動に力を入れるため、小笠原のアオウミガメは他の職員たちに託し、22年ぶりに本土へと戻ってきた（じつはいろいろと大人の事情もあったのだけれど）。インドネシアと日本を行き来する生活になり、2000年には西パプア州のオサガメも手掛けることになってしまった。

2002年、インドネシアでの活動を継続していくため、現在の事務長である田中真一さんとNPO法人ELNA（Everlasting Nature of Asia：エルナ）を設立。

小笠原のほうはというと、前年に小笠原海洋センターを管轄していた財団が解散。施設は小笠原村に譲渡され、事業は日本ウミガメ協議会が村から委託され運営していたが、2006年からはELNAが引き継ぐことになった。

そして、なんだかんだで現在に至る。

身近なウミガメへの〝思い〟と〝思い込み〟

人間は有史以来、ウミガメを食べてきた。ペルシア湾沿岸では約7000年前の遺跡からウミガメの骨がみつかっているし、日本でも縄文時代前期の遺跡から出土している。18世紀の大航海時代、人類が地球一周を成し遂げられたのも、19世紀初頭に鯨油によって文明が大きく花開いたのも、ウミガメがいたからだ。

ウミガメの肉は高タンパク・低カロリーで、熱帯から亜熱帯地域においては貴重な栄養源となる。また、ウミガメの乾燥させた腹甲は、70時間ほど煮つめると美しい琥珀色のスープになる。甲羅にはゼラチン質も含まれているので少しねっとりとしていて、じつにうまい。この「ウミガメのスープ」は世界2大スープのひとつで、つい最近まで、イギリス皇室の正式な晩餐会では必ず出されていたという。

ウミガメの卵はというと水分が多いので、ニワトリの卵のように加熱しても固まらない。卵白は半透明のままで、温泉卵がイメージに近いだろう。現在でも熱帯地域のほとんどの国でウミガメの卵は食べられていて、メキシコではテキーラに卵を入れて飲んだりもする（ただ、おいしいと感じるか、マズいと思うかは人による）。

日本でもつい最近まで、ウミガメはなじみ深い食べものだった。九州から西日本の太平洋側では戦後のしばらくの間まで当たり前に食用されていたし、屋久島では中学生が早朝、海岸に行っては卵を採り、それを売ったお金で教科書や教材を買っていたなんて話もある。

また、アカウミガメは昭和40年代まで相模湾の海岸でも産卵上陸していたから、関東近郊でも年配の方はウミガメの味を知っている人がいるのではないだろうか。

そんな、人類とともにあり身近な存在だったウミガメが、この地球から消えようとしている。

「ウミガメを守りたい」という思いで、ウミガメの調査や保護活動を行っている人は世界中にいる。ウミガメの鼻にストローが刺さった動画が拡散すれば、多くの人が「かわいそう」と思いをよせ、プラスチック製品への問題意識を高める。けれど、その〝思い〟だけでウミガメを救うことはできないし、その思いがじつは〝思い込み〟に過ぎなかったりする。もっというなら、その思い込み——誤解がウミガメを危機に陥れている原因になっていることもある。

オサガメが100キロ沖で交尾することを知って、僕のウミガメ保全の考え方は根本から覆された。目の前の現象だけを追ってデータをとると、考え方が人から目線になり、数値的な結果だけを追うことになってしまう。ウミガメの全体の姿（生態）がわからなければ、ウミガメを保全することは不可能だということに気づいた。

ＥＬＮＡのホームページをみていただくとわかると思うが、僕自身はウミガメに対して「保護」「自然保護」という言葉は使わない。なぜなら、人はウミガメを保護できるほどの知識も能力もないと思っているからだ。

僕らができることなど、わずかでしかない。しかし、せめて僕らが関わった地域のウミガメは絶対に絶滅させない――そんな思いで熱帯の海岸を歩き回り、産卵巣をがむしゃらに掘りまくり（もちろんふ化したあとだ）、海岸に打ち上がったウミガメの死体をバッサバッサと切りまくり、そして、ときに（わりとしょっちゅう）ウミガメの研究者と交渉（というかケンカ）をする日々を送っている。

ウミガメの保全とはなにか（保護ではなくてね）。僕が経験してきたこと、いま考えていることを書いた。最初から最後までウミガメの話だけの一冊だ。この本がウミガメとはなにか、ウミガメを保全するとはどういうことか、考えるきっかけになればと思う。

ウミガメ図鑑

僕が小笠原に渡った当時、読みあさっていた文献には
「太平洋アオウミガメ」とか「大西洋アオウミガメ」といった記述もあり、
亜種レベルではあるが、もっと多くの種に分類されていた。
日本でウミガメの分類が確立したのは、
おそらく僕が小笠原に行って10年くらいたった頃なのだろう。
アオウミガメの亜種であるクロウミガメを別種と考える研究者もいるが、
現在地球上生息しているウミガメは7種。
「ウミガメ」と一口にいっても、種によってさまざまな違いがある。

オサガメ

Dermochelys coriacea ｜ 甲長：130～170cm

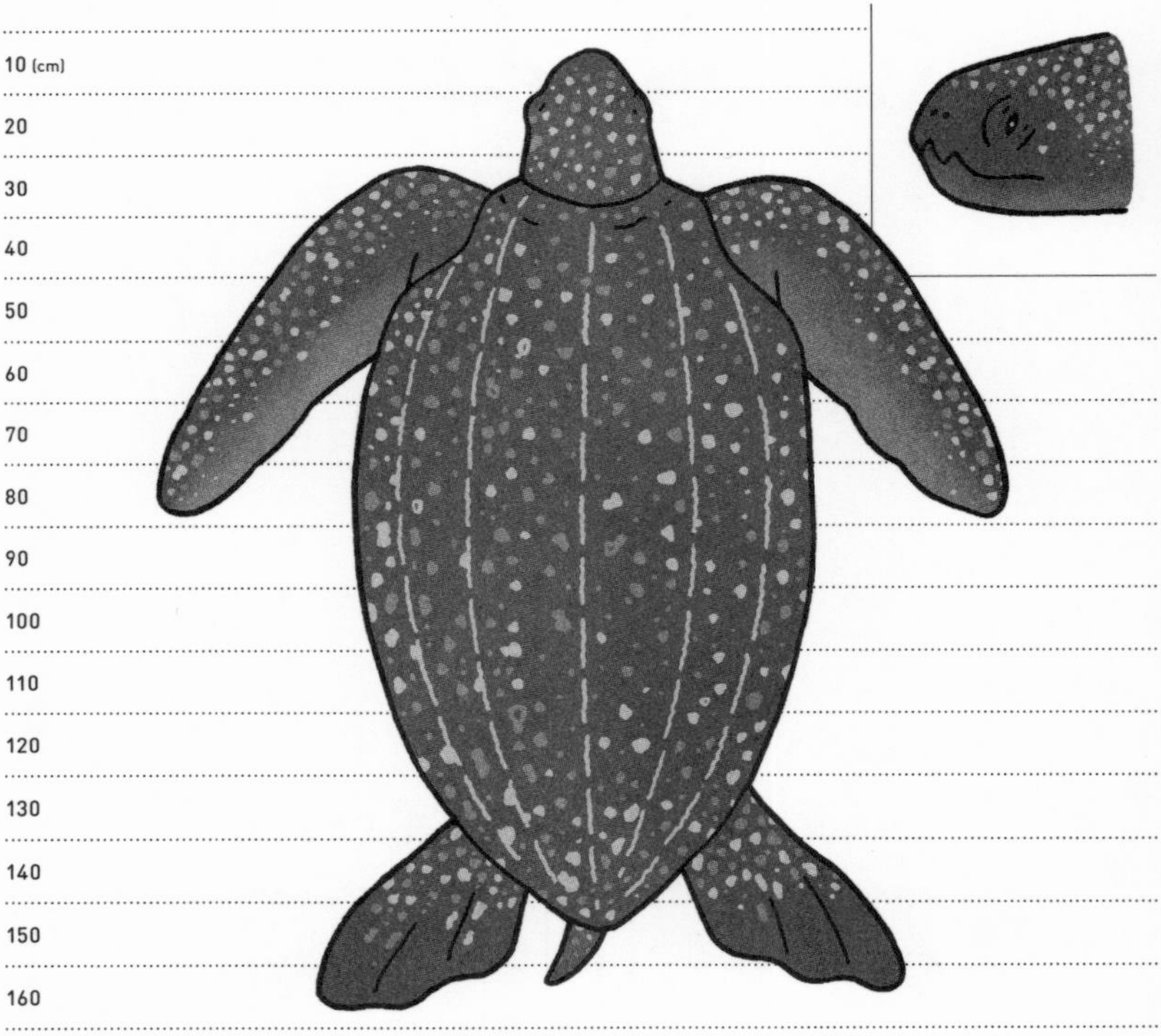

オサガメは現在確認されている最大の爬虫類であり、
体長2メートル以上になることもある。
ふ化稚ガメの頃は顆粒状の鱗板があるが、成長とともに消失。
背中は堅い甲羅ではなく革のような皮膚をしていて、タテに７本の隆起（キール）がある。
太平洋・大西洋・インド洋の各大洋の東西にその繁殖地は分布し、
おもにクラゲ類を食している。
僕らが関わっているインドネシアのパプアのオサガメの一部は、
遠く北米沿岸まで、1万2000キロも回遊する。

アオウミガメ

Chelonia mydas ｜ 甲長：80〜110cm

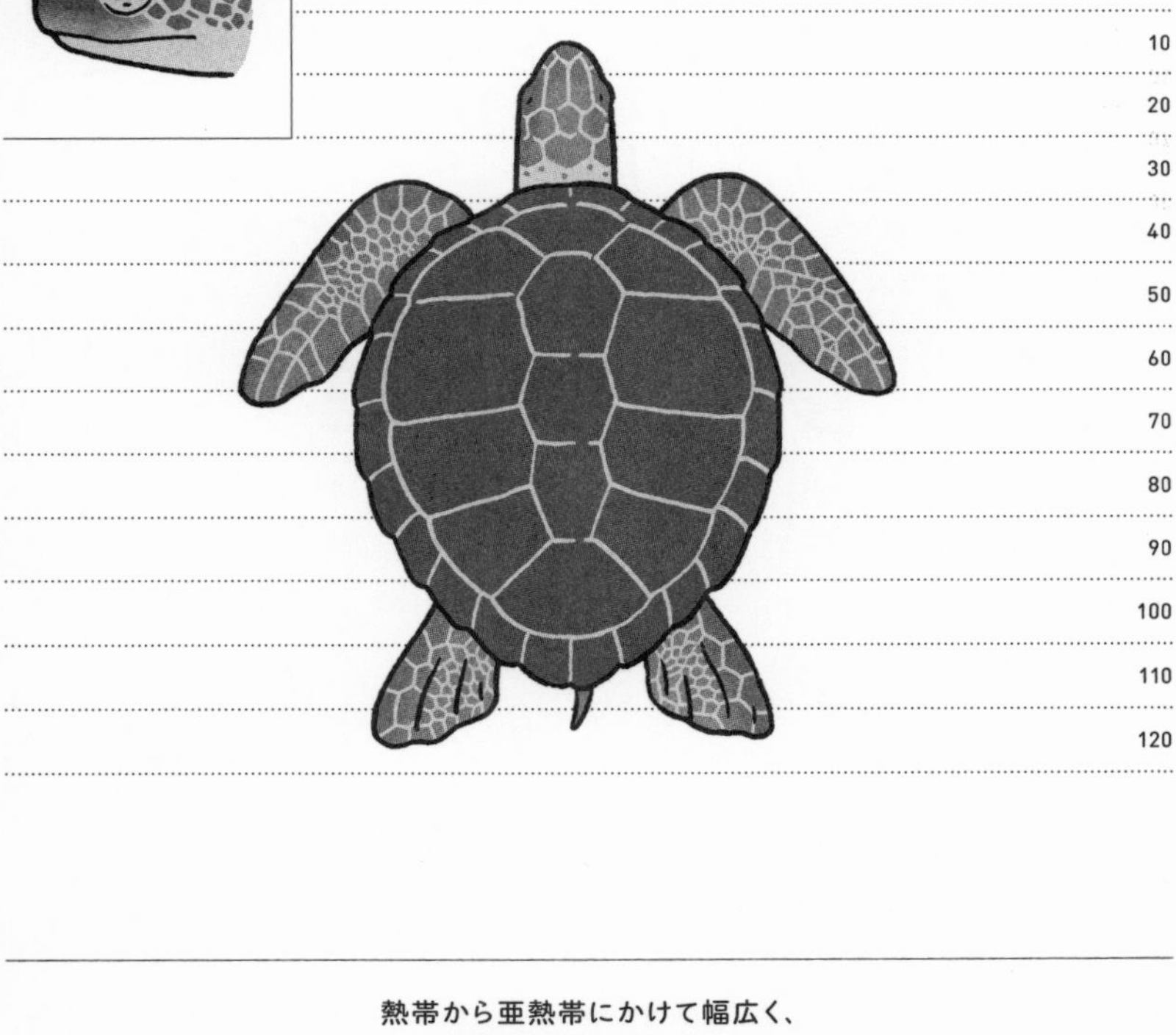

熱帯から亜熱帯にかけて幅広く、
多くの繁殖地がみられる種である。
頭は丸くて小さく、甲羅も丸みを帯びているのが特徴で、
ウミガメ類では唯一の草食性で海藻や海草を食べる。
草食性であるため肉にくさみがなく、世界中でもっとも食用とされた。
僕らが関わっている小笠原の繁殖地は世界最北端の繁殖地であり、
年間2000巣以上の産卵がみられるが、
50年前は20分の1とほぼ絶滅状態にあった。

アカウミガメ

Caretta caretta ｜ 甲長：70～100 cm

亜熱帯から温帯にかけて繁殖地がみられる。各大洋に繁殖地はあるが、全体的に西側に偏っている。南太平洋ではオーストラリアが繁殖地として知られ、北太平洋では日本が唯一の繁殖地となっている。動物食の強い雑食性である。頭が大きくアゴ強く、巻き貝や二枚貝の殻をバキバキと噛み砕き、カニなども好んで食べる。甲羅はハート型で背面は赤茶色、頭の前方にある鱗板の模様が五つに分かれているのが特徴。大洋の西側で繁殖し、ふ化した稚ガメは海流により流され、大洋の東側で成長し、ある程度大きくなると繁殖地付近に戻ってきて成熟する。関東周辺は多くのアカウミガメが死亡漂着し、僕らはそれらを年に100頭近く剖検している。

タイマイ

Eretmochelys imbricate ｜ 甲長：60～80cm

繁殖地は熱帯地域に多く、分散している。日本でも石垣島で産卵がみられる。

小さな頭ととがったくちばしで、珊瑚礁のすき間に生息しているカイメンなどを食べる。

背中の甲羅の鱗板はケラチン質を含み、
また、黄色と褐色のきれいなモザイク模様が入っている。

古くからべっ甲細工の材料とされ、「べっこうがめ」という別名をもつ。

日本では1992年まで世界中から輸入されていた。

僕らは日本がべっ甲材をもっとも多く輸入していたインドネシアでタイマイの
保全活動を行っていて、保全している繁殖地では1980年台の産卵数まで回復させた。

オリーブヒメウミガメ

Lepidochelys olivacea ｜ 甲長：60～70cm

ヒメウミガメ属にはオリーブヒメウミガメとケンプヒメウミガメの2種が生息する。
外見上、両者の違いはほとんどないが、甲鱗板の椎甲板と肋甲板が
5ずつあるのがケンプヒメウミガメで、オリーブヒメウミガメは鱗板の数は不定である。
西部大西洋でのオリーブヒメウミガメのおもな繁殖地は、
ベネズエラとフレンチギアナで、カリブ海にはない。
ある程度の規模の繁殖数があると、「アリバダ」と呼ばれる集団産卵をする。
腹甲の亜縁甲板にラスク腺と呼ばれる腺があり、これが集団産卵の起因になっている
と考えられている。かつては、オリーブヒメウミガメの首や四肢の皮革が、
日本に輸入され製品化され、ハンドバックや財布などの皮革製品に加工・販売されていた。
東京大学大気海洋研究所の佐藤克文教授のお手伝いで、
パプアのヒメウミガメの産卵個体に水温や水深などを計測するロガーを装着している。

ケンプヒメウミガメ

Lepidochelys kempii ｜ 甲長：60～70cm

メキシコのカリブ海側のランチョ・ヌエボが唯一の繁殖地。
北米テキサス州のパドレ島でも少数の産卵がみられる。
1990年代、混獲により、一時は絶滅の危機に陥るが、
アメリカはウミガメ排除装置（TED:Turtle Excluder Device）を開発。
底引きトロールに装着することを法制化することで資源量は増加し、
アリバダもみられるようになった。一方で、新たな繁殖地をつくるために、
30年間、毎年2000個の卵をふ化させ1年間飼育して放流したが、
その効果はほとんどみられず、このプロジェクトは終了した。
もう30年以上前になるが、フロリダの水族館に一人で行ったときに職員にお願いして、
水槽から出してもらって観察したことがある。こんなわがままが通るよい時代であった。

ヒラタウミガメ

Natator depressus ｜ 甲長：80～110cm

オーストラリア沿岸だけに生息する不思議なウミガメ。沖合への回遊は行わず、
オーストラリアの北側の大陸沿いを回遊する。かつては、ヒラタアオウミガメといわれ、
アオウミガメ属とされていたが、アオウミガメよりもヒメウミガメやアカウミガメと
近縁であることが判明。現在ではヒラタウミガメ属として独立している。
オーストラリアのアボリジニの人たちは食用のために捕獲することが許可されているが、
雑食のため味がよくないらしく、彼らはほとんど捕獲していない。甲羅は前後からみると、
江戸時代の陣笠のような形をしている。2009年のオーストラリアで開催された
国際ウミガメシンポジウムの会場で展示されたものが、初めての出会い。

ELNAの保全活動の肝となる「ふ化後調査」。
稚ガメたちが旅立ったあとの産卵巣から
ふ化殻や死亡卵をすべてチェックする。

パプアのオサガメ産卵海岸の後背地に設置した電気柵。
野生化したブタが海岸に侵入しないよう、
高圧・低アンペアの電流を流し学習させる。

懐かしい小笠原海洋センター時代の写真。
写真下、座っているメガネの男性が師匠の倉田洋二所長、
いちばん左が兄貴分の木村ジョンソンさん。

写真上は1978～1989年頃、人工ふ化事業でアオウミガメの
卵を採りあげる「お産婆さん」仕事の一枚。
写真下、鉄筋を使っての卵探しはいまも変わらず行っている。

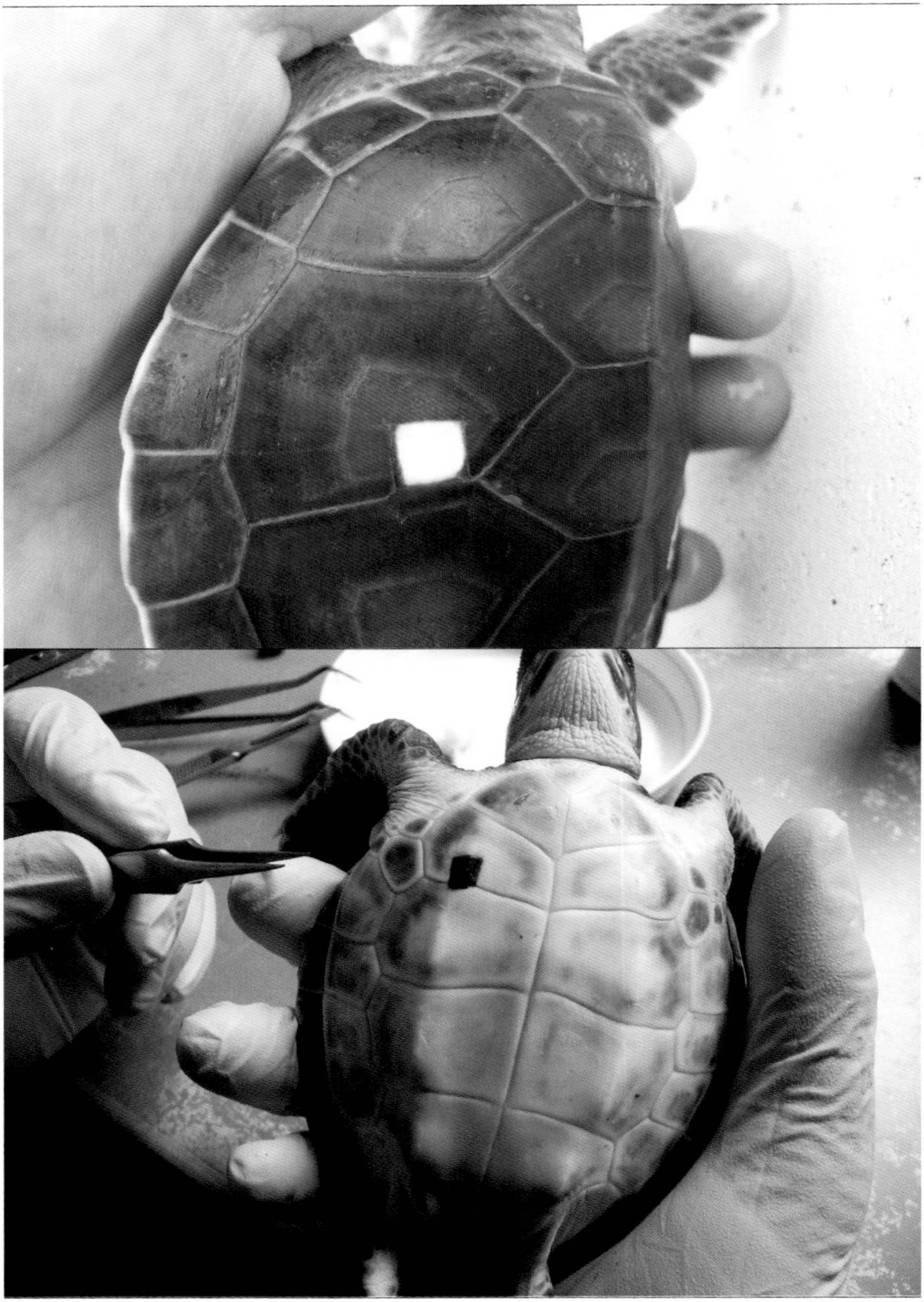

リビングタグは、背中の黒い甲羅とお腹の白い甲羅の鱗板を
4ミリ角程度の大きさに切り取って入れ替える。
13枚ある背甲の鱗板の場所を年ごとに変えることで年代標識となる。

インドネシアの地元監視員や村人、子どもたちと。
写真下、手前にいる帽子の男性は
現地の財団をつくった通訳のアキルさん。

パプアのワルマメディ海岸で、キャンドリング（本文p239）のための卵探し。
掘り出した卵には印をつけ、
日陰をつくり太陽の陽が当たらないようにしている。

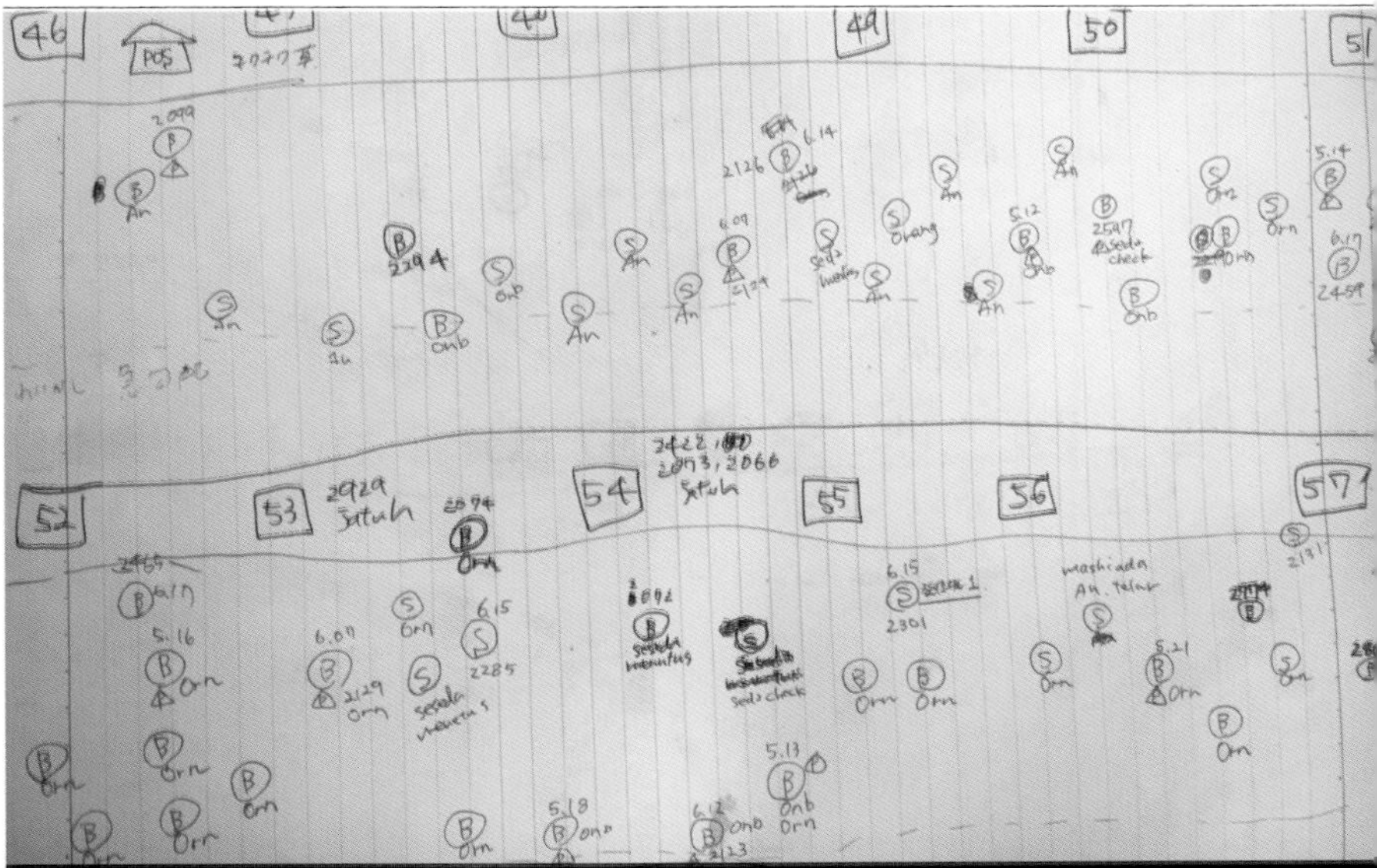

写真上は食害調査のメモ。海岸を歩いて一巣ごと場所と種類、
食害状況、波をかぶったかなどを書き込む。
写真下はノギスを使ったオサガメの計測。2008年撮影。

1章
絶滅危惧種「ウミガメ」のいま

絶滅危機にあるウミガメ

ウミガメは絶滅の危機にあるといわれて久しい。国際自然保護連合（ＩＵＣＮ）によるレッド・データ・ブックには、「情報不足（ＤＤ：DataDeficient）」となっているオーストラリアのヒラタウミガメを除いたすべてウミガメがリストアップされている。とくに、タイマイ、ケンプヒメウミガメ、オサガメは「絶滅危惧ＩＡ類（ＣＲ：Critically Endangered）」――ごく近い将来において野生での絶滅の危険性がきわめて高い、とされている。

しかし、ウミガメの絶滅を危惧し、その問題を語るのなら、どうして絶滅の危機に陥ってしまったのか？　どうして減っているのか？　なぜ、増えないのか？　種ごと場所ごとにみていく必要がある。

タイマイとワシントン条約と日本

地球上の動植物のうち絶滅に瀕しているもの、絶滅の恐れがあるもの、それらを守るための国際間での取り決めが「ワシントン条約（ＣＩＴＥＳ：Convention on International Trade in Endangered Species of Wild Fauna and Flora）」だ。ワシントン条約は１９７３年に採択され、１

975年に発効された。加盟国は原則的に希少な野生動植物の商業取引が禁止される。ウミガメ類はワシントン条約の附属書Iに指定されていて、規制対象種となる。日本は1980年にワシントン条約に加盟。これにより、日本の伝統産業であるべっ甲工芸の原材料、タイマイの甲羅の輸入に制限がかかることになった。

しかし、日本政府は国内産業保護のために「留保」という手続きをとり、条約加盟後もべっ甲材の輸入を続けた。当然、これには国際的な批判が集まった。

折しも、1980年代後半から1990年にかけては、日本とアメリカとの貿易摩擦が激化していた時期。アメリカは日本をスーパー301条の不公正貿易国と特定し、半導体やスーパーコンピュータなどの関税撤廃を迫った。そして、コメの市場開放と合わせて、タイマイの輸入全面禁止も要求。激しい外交交渉が行われた。

さらにアメリカ政府は自然保護団体から出されていた訴えを受け、日本への制裁を認定する。アメリカには「ペリー修正法」という絶滅危機にある魚類をとっている国に対して制裁を課すという国内法があるのだ。

制裁の具体的内容はというと「日本がこれ以上、べっ甲材の輸入を継続するなら、アメリカは日本から真珠と金魚を輸入しない」という、ほぼ脅迫まがいのものだった。当時、日本国内のべっ甲の年間販売額は168億円。一方、真珠と金魚の輸出額は合わせて15

00億円。

政府は輸入限度枠を15トンから7トンにまで抑え、輸入管理を厳格化するという譲歩案を出し輸入継続を訴えたが、「10年以上、留保し続けているのは許されない」と突っぱねられる。そして、1992年末をもってタイマイの輸入を自主的に禁止することになったのだ。

2年で13万7000頭を捕殺

ワシントン条約によってタイマイが守られた、と思っている人が多いかもしれない。しかし、それはとんでもない思い違いだ。

日本がタイマイの輸入を自主的にストップした1992年12月末の時点で世界のタイマイの80%が消滅している。世界のタイマイをここまでの危機に陥れたのは、むしろ、ワシントン条約の成立と日本の批准にある。

ワシントン条約が採択された1973年、日本は世界中からべっ甲材をかき集めて輸入をしている。日本が得意とする先物買いだ。規制される前に買い占めちゃえという商魂はたくましく、この年の輸入量はなんと73トン。

そして、1979年、日本がワシントン条約を批准する前年には64トンを輸入している。合わせて137トンもの駆け込み輸入だ。成熟したタイマイ1頭から約1キロのべっ甲材が取れることから、この2年間で13万7000頭のタイマイが捕殺された計算になる。世界のタイマイの繁殖個体群は、この影響で80%が減少。3世代分のタイマイが世界中から失われたのだ。

なかでも、インドネシアは世界最大のべっ甲材の輸出国であり、いちばんのお客さんは日本だった。僕らが1995年から2000年に行った調査で、インドネシアのタイマイは1980年代と比較して82%減少したことが明らかになっている。インドネシアの場合、仕入れ値は1キロあたり2000~3000円。日本国内でべっ甲屋さんに販売すればそれが何十倍になる。商社としてはあまりのボロい儲けに笑いが止まらなかっただろう。

タイマイを絶滅に追い込んだのは

輸入禁止が決まる前年の1990年、オーストラリアのパースで国際自然保護連合（IUCN）の総会が開催され、そこではすでに「日本はただちにタイマイの輸入をやめるべき」

との声明文が出されていた。

ＩＵＣＮにはウミガメを専門とする分科会、Marine Turtle Specialist Group（ＭＴＳＧ）があり、僕もそのメンバーのひとりだ。この総会の10日ほど前、当時の通産省が主催するべっ甲業界の会議が長崎で開催され、ＭＴＳＧのメンバーが15名ほど招聘された。日本政府としては、この会議で輸入量を7トンへと下げることを提案し、譲歩を引き出そうという思惑だったようだ。しかし逆に、このとき集まっていたＭＴＳＧメンバーによって、ＩＵＣＮの総会の声明文は作成されたのだった。

日本に対し、べっ甲の輸入をやめるよう国際的圧力をかける声明文の採択に、僕も「賛成」の一票を投じた。それは、日本が世界のタイマイの生息状況をまったく把握していなかったからだ。

当時、通産省はタイマイを養殖し増やすといった計画を立て、たくさんの予算を使って調査を行ってはいた。しかし、日本政府が行っていた調査ではまったく数字が出てこない。世界のタイマイの増減以前に、世界のどこでタイマイが産卵しているのか、どのくらい生息しているかがまったくわからないのだ。

僕はそれらの報告書をみるたびに激怒していた。たとえばキューバでのタイマイの資源量推計を出すのに、ただ単に、産卵密度の高い地域の数値に航空写真から割り出した海岸線の長さを掛け合わせただけだったりする。そんなでたらめなデータからタイマイの捕獲可能数を出したって世界に通用するわけがない。この状態でどうしてべっ甲材の輸入の可能性を語れるのだ、と。

僕自身は1995年に東京都からタイマイの調査を依頼され、インドネシアのウミガメと関わるようになった。目的はタイマイの再輸入の可能性を探るためだ。11月、インドネシアに入りスリブー諸島に渡った。スリブーとは「千」という意味だが、島の数は76。これらの島すべてに上陸し、海岸をみてまわる。ボディピット（産卵のために陸に上がってきたウミガメが産卵場所を決めて掘り出した穴）の跡を探して、自然ふ化しているものがどのくらいの割合かを調べてまわった。

その報告書を提出したとき、東京都の担当者はこういった。

「初めて、数字が出てきました」

この言葉は、僕の中でずっとくすぶり続けている。世界中のタイマイを8割減少させた責任は、間違いなく日本にある。その非難の矛先はすべて、日本国内でべっ甲細工に関わっている人たちに向けられた。しかし、決して彼らの責任ではない。

1800万円の無意味な調査旅行

べっ甲製品をつくる職人さんたちは、早くから危機感を抱いていた。べっ甲材はタイマイの甲羅をはがして利用する。自分たちの手元に届くタイマイの甲羅が年々小さく薄くなっていることや、輸入元は世界中にあるけれど特定の地域のものは数年で輸入量が減少することに、彼らはずいぶん前から気づいていた。

べっ甲産業継続に危機感を募らせた彼らは協会をつくって通産省に働きかけ、1973年からインドネシアやマレーシア、キューバなどに学者や調査会社を派遣し、現地調査を行いながら、養殖の可能性を模索していたのだ。

1980年8月にも、マレーシア・シンガポール・インドネシアにおけるタイマイの養殖可能性調査が行われた。当時、名古屋港水族館の館長を務めていた生物学者の内田至さんを団長に、べっ甲屋さんが3人と、内田さんの指導で卒業論文を書いた学生さんと僕の総勢6人。僕は記録係として同行したのだが、この〝調査〟旅行は、いろいろな意味で驚きの連続だった。

各国を訪れ、まずは行政機関にあいさつをし、現地の博物館や水族館をめぐるのはまぁ、わかる。しかし、マレーシアで訪れたのは、オサガメ産卵地として有名なトレンガヌ州のランタウ・アバンの海岸だった。

ボルネオ島サバ州にあるウミガメ保護地（現在では「タートルアイランド」としてエコツアーの島となっている）も訪れたが、宿泊したのはアオウミガメの産卵地。現地の監視員と海岸に座り、夕方から夜中までウミガメについて語り合えたのは楽しかったけれど（互いに言葉は理解できないものの、ウミガメの話だけはなぜかわかる）、タイマイが産卵する島は2キロも離れておらず目の前にあるのに、なぜかその島へは、帰りがけに数分間、立ち寄っただけ。

終始、頭をよぎる。「あれっ、なんの調査だっけ？」

シンガポールでは、街中で売られているタイマイのはく製の甲長と甲幅を計測したのだが、ウミガメの甲羅の盛り上がりを無視して、大きな直角定規を二つ使い甲羅の甲長と甲幅の最短距離を測るという雑っぷり。しかも、その計測数値をもって、内田さんは「タイマイのはく製の甲長が短くなっているので、タイマイの生息数は減少している」と報告書に書いている。僕の頭の中は、クエスチョンマークだらけだ。なぜなら、これらのはく製の多くは、インドネシアではく製用に飼育されていたものだからだ。早く商品化するために、年々飼育年数が短くなり、その結果サイズも小さくなっただけだ。

最後、インドネシアに入り（これが僕の人生初インドネシアとなる）、「ようやく、タイマイの島めぐりだ！」と期待したのだが、ジャカルタ沖にあるスリブー諸島の島をいくつか回って、タイマイの産卵巣らしきものをみたのと、タイマイをはく製用に飼育しているブリトン島の漁村で業者と会った程度。スマトラ島の西沖にあるメンタワイ諸島の島も訪れたが、こちらはタイマイの「タ」の字もないアオウミガメの繁殖地だ。

意味があるのかどうかよくわからない予定がギチギチで、空港への到着は法律で定めた出発2時間前に間に合うことはなく、毎回、パスポートに現金を挟み、飛行機に乗る（インドネシアは10年ほど前まで、世界ワースト4の賄賂まん延国）。出発が1時間や2時間遅れるのは当たり前。いつ搭乗できるのかアナウンスもないのに。

6人で1800万円を使ったこの調査は、いったいなんなんだ？　本当にタイマイの養殖可能性調査なのか。誰のための調査なのだろうか。1か月の豪華海外旅行、マレーシアの首都で泊まったホテルの絨毯の厚みは5センチ以上あった。

届かなかったべっ甲職人の危機感

じつは1990年から、内田さんの提案で、ジャカルタの北西約50キロ沖にあるスリブー諸島のプラムカ島という島でタイマイの人工ふ化放流事業がはじまっていた。毎年、スリブー諸島内の島から5000個の卵を移植してふ化させ、3～6か月間飼育して放流するという事業だ。5000個の卵はタイマイの産卵数からみると、40巣にも満たない。40巣としても、親ガメ10頭分に満たない。

タイマイ調査と合わせてこの事業のサポートも依頼されていたので、僕も1995年から関わってはいた。が、機会があれば通産省や東京都、べっ甲屋さんと会い、「日本がべっ甲材を輸入してきたことに対する免罪符のつもりなら、ふ化放流事業は即刻中止するべきだ」とまくし立てていた。毎年、東京都に提出する報告書でも「即刻中止」を訴え続けた。

施設だけつくったって、タイマイが増えるわけではない。ふ化場のふ化率も30%に満たない。飼育ガメの生残率も同様だ。5000個の卵を持ってきても、50頭のカメさえ放流できない。だったら、密漁で採られる卵を守る方法を構造的に考えるべきだと。

結局、プラムカ島の事業は2001年まで続いた。成果が上がるようになり、インドネシア政府に事業を引き渡したらしい。確かに、ふ化率や生残率は上がったようだが、僕にとってそれは意味のないことだ。

結局、職人たちの思いはどこにも届かなかった。そればかりではない。「タイマイを絶滅の危機に陥れたのはべっ甲産業だ」といういわれなき烙印を押され、攻撃の的にされた。多くのデパートなどでべっ甲製品の販売が拒絶された。

べっ甲の張り合わせは江戸時代から続く伝統技術である。水と熱だけの張り合わせができるようになるには10年以上もかかるし、甲羅の斑合わせは親方にならないとできない。地道に実直に伝統技術を継承してきた彼らが、タイマイ絶滅の戦犯のように扱われた。

本当に責任をとるべきは誰か。

タイマイの生息数すらわからない状態で経済を優先させ、無秩序に輸入をした商社。「東南アジアのタイマイ養殖可能調査」を名目にした物見遊山を何年間も行い、データをいっさい出さないばかりか、タイマイの繁殖地さえ解明していない著名な学者。

輸入量のコントロールもせずに、ずさんでいい加減な調査を許してきた当時の通産省。

タイマイの危機に知らんぷりを決め込み続けた彼らに対する僕の怒りは、いまだにおさまらない。

世界にはタイマイの繁殖地が1000か所以上は存在すると考えられるが、残念ながら現在、生息数が増えている繁殖地は世界で9か所だけ。そのうち4か所が、ELNAが保全を手がけている島々だ。増加している地域と絶滅寸前の地域は明確に分かれている。なぜ、このようなことが起きているのか。この事実に注目してもらいたい。

アリバダが復活したヒメウミガメ

1970年代、ケンプヒメウミガメの死体がメキシコ湾岸に大量に打ちあがり、大きな問題となっていた。ケンプヒメウミガメがエビトロール漁の網に入り込み、溺死してしまうのが原因だった。1990年代に入り、繁殖メスは400頭まで減少し、メキシコで産卵するケンプヒメウミガメは、ほぼ絶滅寸前に追い込まれた。

ウミガメは長いときは2〜3時間、水中に潜り続けることができる。しかし、肺呼吸なので、息継ぎは必要だ。海中で漁業の仕掛けや網にかかってしまい、長時間水面に出ることができなくなると、溺死・窒息死してしまう。こうした混獲はエビトロール漁だけでなく、日本近海の刺し網漁や底引き網漁、定置網漁などでも起こっている。

混獲対策としては、混獲が多い地域での漁の禁止か漁具の改良が考えられる。ケンプヒメウミガメの混獲問題が深刻化したとき、アメリカ政府がとった対策は後者、漁具の改良だった。アメリカ海洋漁業局（NMFS：US National Marine Fishers Service）は、網に捕まったウミガメの脱出口をつけたウミガメ除去装置（TED：Turtle Excluder Device）を5年かけて開発。この装置をすべてのエビトロール網に装着させることを法制化し、混獲を97％も減らすことに成功したのだ。しかも、アメリカは自国の漁業者にウミガメ除去装置を義務づけただけでなく、ウミガメ対策としてこの排除装置をつけない国からのエビの輸入まで禁止した。

これによって、ケンプヒメウミガメはその数を急速に回復。2018年からは、ケンプヒメウミガメ唯一の産卵地であるメキシコのランチョ・ヌエボで「アリバダ」と呼ばれる集団産卵もみられるようになった。

アリバダはヒメウミガメ類にだけ確認できる生態で、1週間ほどの産卵期間、狭い海岸に数万から100万近くものメスガメが上陸する。

アリバダは増加の証だ。現在、「深刻な危機」にあるとされているケンプヒメウミガメだが、このまま増え続ければダウンリストもあり得るかもしれない（ただし、ここ数年は増加が止まっている）。

一方、同じヒメウミガメ類のオリーブヒメウミガメのアリバダは、メキシコ・コスタリカ・インドなど世界8か所でみることができる。数十万ものオリーブヒメウミガメが砂浜を埋め尽くし産卵する姿は壮観で、この様子をみようと多くの観光客が訪れる。海岸に集団産卵をするカメと人とが入り混じったなんとも不思議な光景が繰り広げられる。

特筆すべきは、オリーブヒメウミガメは卵を利用しながらその数を増やしていることだ。

コスタリカのオスショナルの海岸では、1回目のアリバダで村人は制限時間内に卵を採りまくってしまう。

卵を採るなんて……と思うかもしれないが、その卵を販売した売り上げの一部を保護費用にあてているのだ。村人や研究者は1回目の産卵で経済的に潤い、2回目は産卵巣を守って自然ふ化させている。結果、一時は数万頭まで減少したこのカメを20万頭にまで増やしたのである。

ヒメウミガメはヒトが介入して唯一、その数を増加させた種である。しかし、コスタリカのオスショナルなど数か所を除き、他の繁殖地では減少傾向にある。

オサガメとマグロはえ縄漁

タイマイ、ヒメウミガメとならび、「深刻な危機」にあるとされ、絶滅の恐れがもっとも高いのがオサガメだ。スリランカでは1994年にほぼ絶滅状態となり、マレーシアは2000年に絶滅を宣言している。コスタリカでは1988年から1989年（冬場に産卵期があるため、このような書き方になる）に1367頭いた産卵メスガメの数は、2010年からの4年間の平均でたった33頭にまで減少。メキシコでも同様の状態だ。

2020年初めに発表された論文によると、東部太平洋のオサガメは成熟ガメと未成熟ガメが最低でも200~260頭生息し、年間に8000頭以上のふ化稚ガメが産まれないと間違いなく絶滅するという。残念ながら、東部太平洋では親ガメも稚ガメも、その数には達していない。東部太平洋のオサガメはまさに絶滅の危機にあり、僕が通っているパプアのオサガメも減少が続いている。

その原因だと指摘されているのが、やはり漁業による混獲。とくにオサガメの数を減らしている原因として、世界中でやり玉に挙げられているのがマグロはえ縄漁だ。

はえ縄漁は、1本の長いロープ（幹縄）から針がついたロープ（枝縄）を何本も垂らし、海面直下から針を落として魚がかかるのを待つ漁法で、マグロやサケ、マスなどの漁で用いられる。長いものだと幹縄は100キロ以上、枝縄もマグロの場合は最深で300メートルの深さにまで垂らされる。

このはえ縄漁、とくにマグロはえ縄漁による混獲こそが、太平洋のオサガメを減らしている原因だ！　という内容の論文が2000年、科学雑誌『ネイチャー』に掲載された。アメリカと中米の研究者たちによるこの論文をきっかけに、研究者や自然保護団体によって太平洋におけるはえ縄漁全面禁止を求めるキャンペーンがはじまった。

たとえば、メキシコやコスタリカで研究をしているアメリカのウミガメ学者は、標識漂流の結果、オサガメが産卵に戻ってくる割合は非常に低く、飛行機を使ってカナダからメキシコまでの海岸を調査したところ、他の海岸に上陸した痕跡はない。外洋で死んでいる

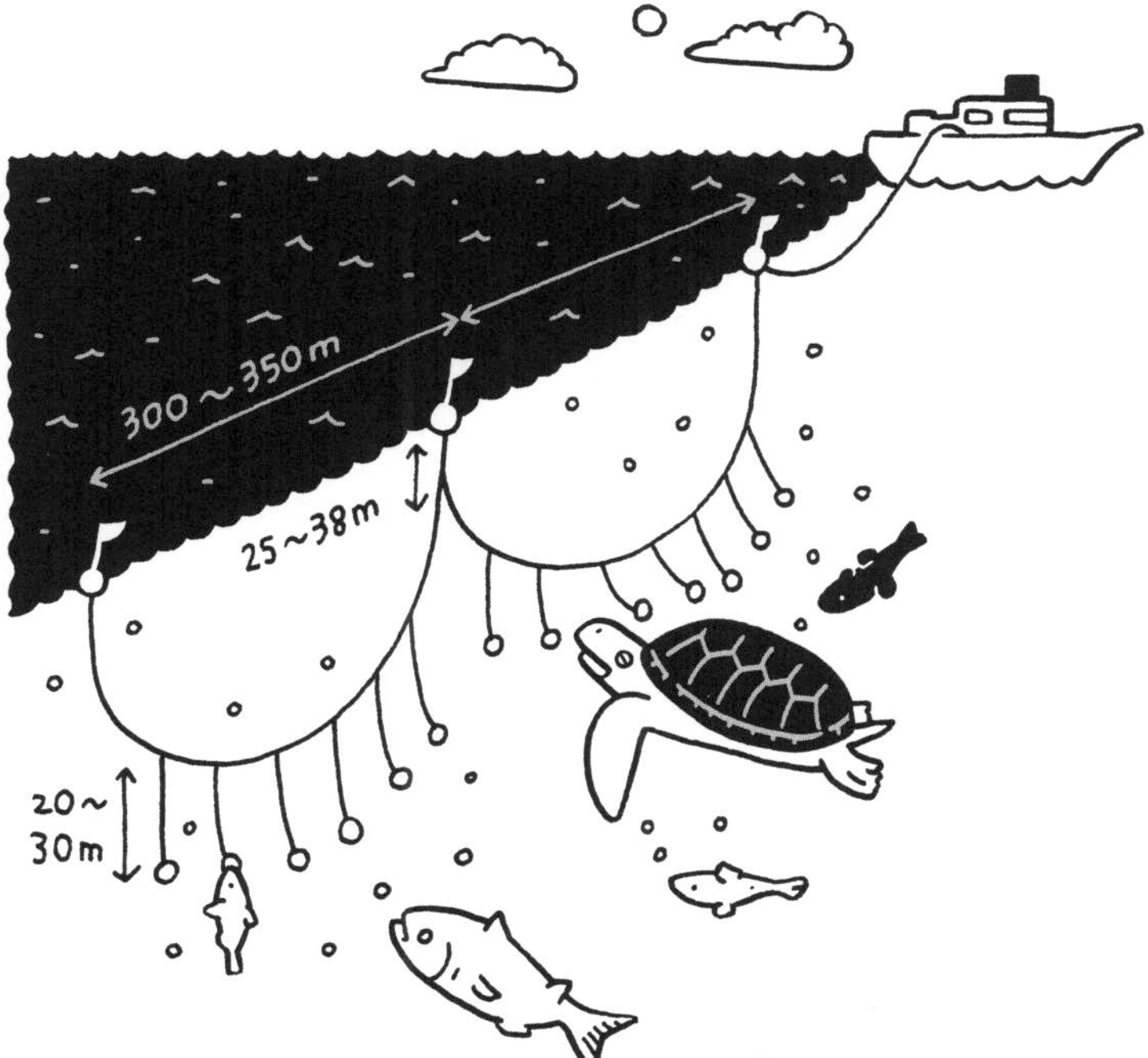

全長・120〜150km、針の数・2500〜3000本
投縄に4時間、待機2〜3時間、揚縄に10〜12時間

マグロはえ縄漁

可能性がきわめて高く、「マグロはえ縄漁が理由としか考えられない」と結論づけている。

もし、太平洋のマグロはえ縄漁が全面禁止となったら、間違いなく回転寿司からマグロが消える。はえ縄漁禁止は日本の漁業にとって大打撃だ。そのため日本では、水産庁が主導してガイドラインを作成。針を仕掛ける深さを120メートル以下にして漁をする水深をウミガメが泳ぐ範囲と分けたり、漁の時間を短くしたり、針をJフックから引っ掛かりにくいサークルフックにするといった対策を進めている。また、国際的なマグロ会議でも研究者や政府関係者が盛んに議論し、混獲減少の努力が続けられている。

しかし、僕はオサガメが減少している原因はマグロはえ縄漁の混獲ではないと確信している。巨視的にみるとどう考えても、その説は怪しいのである。なぜなら、オサガメが急激に減少しているのは太平洋だけ。大西洋ではわずかではあるけれど増加しているというデータがある。マグロはえ縄漁は世界中で行われている。はえ縄漁による混獲が原因ならば、大西洋でも激減しているはずだ。

2020年になって、世界中の海で1万6000頭のウミガメが混獲され、そのうち1300頭がオサガメであるという報告がなされた。オサガメの混獲数1300頭の大半が太平洋での数値だとすると、確実に太平洋のオサガメは絶滅するだろう。しかし、あくまで「世界の海」の話であり、太平洋のオサガメが混獲によって激減していることを証明するデータにはならない。

ウミガメにとって影響のある深刻な漁法があるのなら、やみくもに「禁止！」とするのではなく、その操業海域や操業時期なども含めて特定することが先ではないか。オサガメにしても、どの海域で、どの時期に、何頭が混獲され、何頭死亡したかというデータはいまだ出されていない。結論を出すには、混獲によってウミガメにどの程度深刻な影響を与えているのか、客観的なデータが必要だ。

因果関係も明確でないのに、ウミガメを守るという一面的な正義だけで漁の禁止を声高に訴えるのはアメリカらしいなと思うけど、他にもやるべきことはたくさんある。むしろ、「はえ縄漁絶対悪」に国際的な世論が流れていくなかで、オサガメが減っている、増えない本当の理由が見過ごされてしまうのではないかと危惧をしている。このことについては、5章で詳しく述べたいと思う。

食文化としてのウミガメ

ウミガメがその数を減らしてきたのは、人間が商業的に利用してきたことによる。太古から世界中でアオウミガメは食用されてきたが、その利用が急増したのは大航海時代だ。

15世紀末から16世紀、スペインやポルトガルなどヨーロッパの大国はこぞって大西洋に乗り出していった。新たな交易ルートを求めて、未知なる海へと進む冒険だ。いつ戻って来られるのかも、途中、立ち寄れる港があるかどうかもわからない。出発時、食料を積み込めるだけ積み込んだとしてもいずれ底をつく。魚をとっても冷蔵冷凍技術などない時代、長期保存はできない。

そんな状況下で、ウミガメは格好の食料となった。ウミガメを捕まえて甲板の上にでも逆さまにして放置しておけば、半年以上は生きている（ウミガメは肺呼吸をするため、陸上でも生きられる）。航海中に捕まえられるだけ捕まえて、食べたいときに捌けば、いつでも新鮮な肉を提供してくれる。いわば、天然の冷蔵庫だ。

アメリカ大陸の発見当時、ヨーロッパとアメリカを行き来する間にはアオウミガメばかりではなく、アカウミガメも食料として利用していたようだ（アカウミガメは雑食のため、くさみがある）。カリブ海でウミガメをとりまくり、残ったお腹の甲羅は干してヨーロッパで売りさばく。「カリピー」と呼ばれる干した甲羅は、先にも書いたウミガメのスープの原料となる。船員にとってはいい小遣い稼ぎになったに違いない。

１４９２年のコロンブスのアメリカ大陸発見、１４９７年のヴァスコ・ダ・ガマによるアフリカ南端喜望峰経由のインドルートの開拓、１５２２年のマゼランの世界一周……世界史に残る偉業を支えたのがウミガメだ。ウミガメがいたから人類は世界一周ができたといっていい。

さらに、1650年頃にはじまったマッコウクジラを対象としたアメリカ式捕鯨船もウミガメを食料としておおいに活用した。まだ石油が発見されていない時代、ランプの燃料や機械の潤滑油として利用された鯨油の生産は、当時の一大産業だった。

その材料となるマッコウクジラを捕まえるため、アメリカは船団を組んで、数か月から1年以上にもおよぶ捕鯨を行っていた。とってとってとりまくり大西洋のマッコウクジラが減少すると、1789年には太平洋へと進出し、ガラパゴス諸島を最初の捕鯨基地とした（ここではゾウガメも乱獲された）。1800年代前半にハワイに拠点を移し、その後、小笠原近海でジャパン・グランドと呼ばれるマッコウクジラの生息域が発見され、小笠原も捕鯨基地の候補になった。ガラパゴス諸島、ハワイ、小笠原、いずれの地もアオウミガメの繁殖地である。

アオウミガメは英語では「グリーン・シー・タートル（green sea turtle）」という。なぜ、こう呼ぶのか？　その由来はというと、アオウミガメの脂肪が透き通るようなきれいな緑色をしているからだ。

「あの、脂肪が緑のうまいカメ」

こんなふうに多くの人に語られていたのだろう。生物としてはもっとも哀れな命名ではなかろうか。

ダウンリストはよろこぶべきか

アオウミガメの繁殖地は、おそらく世界で数千か所あるが、確実に増加しているところは、2004年時点では5か所しかなかった。現在でも10か所は超えていないだろう。しかし、2019年、レッドリストの分類が変更された。太平洋や南インド洋、東部大西洋、地中海のものは「絶滅危惧ⅠB類（EN：Endangered）」のままだが、北インド洋のアオウミガメが「絶滅危惧Ⅱ類（VU：Vulnerable）」に、西部太平洋のものは「低懸念（LC：Least Concern）」にダウンリストされたのだ（日本では「LC」に関して環境省の定めがない）。

一方、アカウミガメは、2015年に南太平洋の地域個体群は「絶滅危惧ⅠA類（CR：Critically Endangered）」にアップリストされたが、日本のアカウミガメは「絶滅危惧Ⅱ類（VU」へとダウンリストされた。

アメリカのフロリダ州からノースカロライナ州までの大西洋側のアカウミガメは、確かに爆発的に増えている。卵の盗掘を禁止し、海岸沿いのホテルには夜間、窓から光を漏らさないよう指導。一般の人がウミガメに触れることも禁じられ、もしウミガメがひっくり

和名	地域	評価
タイマイ	全体	絶滅危惧IA類(CR)
ケンプヒメウミガメ	全体(繁殖地はメキシコのランチョ・ヌエボ1か所のみ)	絶滅危惧IA類(CR)
オサガメ	全体	絶滅危惧IA類(CR)
	東部太平洋・西部太平洋・西部南大西洋・西部南インド洋	絶滅危惧IA類(CR)
	西部北大西洋	絶滅危惧IB類(EN)
	東部南大西洋・東部北インド洋	情報不足(DD)
オリーブヒメウミガメ	全体	絶滅危惧II類(VU)
アカウミガメ	全体	絶滅危惧II類(VU)
	南太平洋・東部北インド洋・地中海	絶滅危惧IA類(CR)
	東部北大西洋	絶滅危惧IB類(EN)
	東部南インド洋・西部南インド洋	準絶滅危惧(NT)
	西部北大西洋・西部南大西洋・北太平洋	低懸念(LC)
アオウミガメ	全体	絶滅危惧IB類(EN)
	太平洋・南インド洋・東部大西洋・地中海	絶滅危惧IB類(EN)
	北インド洋	絶滅危惧II類(VU)
ヒラタウミガメ	南大西洋・ハワイ海域・西部太平洋	低懸念(LC)
	全体(繁殖地・生息域はオーストラリアのみ)	情報不足(DD)

IUCNレッドリストのカテゴリー

返っていようが障害物で身動きできなくなっていようが、一般の人が助けることはできない。一定間隔で設置されている公衆電話から「ウミガメ110番」へダイヤルすれば、すぐにレスキュー隊が飛んでくる。こうした徹底した規制によって、その数を増やしたのだ。

しかし、日本のアカウミガメはというと、間違いなく減少している。あと、10~20年もすれば、日本では宮崎、屋久島、種子島の3か所を残して、すべての産卵地でアカウミガメはほとんどみられなくなるだろう。

それなのになぜ、ダウンリストさ

れたのか。ひとつには、アカウミガメの産卵数は年ごとの増減が激しい。大きく増えたり減ったりしながら右肩下がりで減っていて、ある年だけをみれば、増加していると判断できてしまう。ダウンリストされたのがそのタイミングだったようだ。

また、リストの判断材料として重視されるのが、人為的な減少要因があるかどうかだ。食用されていたり、卵の盗掘があったりすると危機的な状況にあるとされるのだが、日本ではそうしたことはない。しかし、食用利用や盗掘はなくとも、日本では世界に例をみないスピードで海岸の砂浜が失われている。十分過ぎるほど危機的状況なのだけれど、自然要因はあまり重要視されないようだ。

たしかに、アオウミガメやアカウミガメの増加を知ることは難しい（減少については、毎年減っていればすぐにわかる）。

ＩＵＣＮではレッドリストへの掲載には少なくとも三世代をみることとしている。他のウミガメと違い、アオウミガメとアカウミガメは成熟するまでの年数が30年以上と考えられ、生物としてはとてつもなく長い。この規程だとアオウミガメやアカウミガメについて判断するには１００年以上かかってしまう。

三世代で判断することは重要だけれど、一世代、その世代の稚ガメの生産量をきちっと把握できていれば判断することはできる。しかし、２００４年の時点でアオウミガメについて25年以上の産卵巣数のデータを持っているところは、コスタリカとフロリダ、ハワイ、オーストラリアの2か所と小笠原だけ、計6か所しかなかった。しかも、稚ガメの生産量が毎年把握できている地域になると小笠原を除いてどこにもない。

こんな状況なのでアオウミガメに関しては、「ここは多く産卵する」「今年は何頭のメスが産卵した」「この10年は減少していない」といった記述しかできないのだ。

だからこそ、レッドリストだってわからないものは「わからない」にすればいい。寿命さえ、成熟年数さえ、わからない生きものが相手なのだ。

ダウンリストという事実は、誰のためのものなのか？　行政としてはうれしいのだろうが、実際の生息数がどうなろうとも、「ダウンリストされた」という事実だけが独り歩きしてしまうことを、僕は危ぶんでいる。

ウミガメコラム①

ウミガメの生態

ウミガメのその頭をよくみると、とくにふ化したばかりの稚ガメの頭はヘビの顔つきにとてもよく似ている。だからというわけではないが、ウミガメもヘビと同様、爬虫類に属する。肺で呼吸するので魚類ではないし、甲羅だけではなく頭や腹側も四肢も首回りも、体全体が鱗板でおおわれているので両生類とも違う（両生類はぬめりけのある皮膚が特徴）。卵生——卵を産み子どもに栄養を与えることはないので哺乳類でもない。

もちろん、生物には〝例外〟があるもので、哺乳類でもカモノハシやハリモグラなど卵を産むものがいる。が、彼女らは母乳で子どもを育てる。また、マツカサトカゲのように卵ではなく、子どもを産む爬虫類もいる。中生代末の白亜紀に生息していた、全長18メートルにもなる史上最大の海棲爬虫類「モササウルス」も卵を産まない胎生だったという。最近、このことを知ってとても驚いた。

ここでは、ウミガメの生物としての基本情報をまとめておく。ただ、ウミガメの生態については、わからないいないことだらけだ。45年、小笠原やインドネシア、パプアの海岸を歩き続け、たくさんのウミガメと接してきたが、わかったのはわからないことだらけだ、ということ。でも、「わからない」という前提に立つことがとても大切だと思っている。

リクガメとウミガメってなにが違う?

カメのいちばんの特徴は甲羅だ。ワニの背中も角質化したかたい鱗で覆われているが、構造がまったく違う。ワニの鱗は皮膚だけれど、カメの甲羅は骨。カメは進化の過程で、肋骨や胸骨も大きく広げて、その骨の間をつなぐように板状の骨も発達させた。そして、肩甲骨や骨盤をその甲羅の中に収めるという独自の進化をしたのだ。

海に生きるウミガメは、甲羅を回遊に適した水の抵抗の少ない薄い形へと進化させた。そのため、ウミガメは手足を甲羅の中にひっこめることができない。危険が迫ったとき、頭や手足を甲羅の中にひっこめて身を守るのがカメの防衛戦略だが、手足を収納するドーム型の大きな甲羅は泳ぐのには邪魔。ウミガメは防御力を捨て、速く泳ぎ、逃げられる体を選んだといえる。

また、ウミガメは背中とお腹の甲羅が分かれている（陸で生きるカメの甲羅は背中とお腹の部分が一体化している）。これもまた、海の中で生きるため。水圧を受けても体の体積を変えられるので、深く潜ることができるのだ。

カメはいつ地球上に現れた？

長らく、カメはトカゲやヘビに近いと考えられていた。が、２０１３年、理化学研究所が行ったゲノム解析により、カメはワニ・トリ・恐竜に近い進化的起源をもつことが明らかになった。

古生代の石炭紀後期（約3億1200万年前）に両生類の中から羊膜（卵を乾燥などから守る膜）をもつ有羊膜類が出現。この有羊膜類が、のちに爬虫類と哺乳類に分化していく。

そのきっかけとなったのが、古生代ペルム紀と中生代三畳紀に起きた地球史上最大の「大絶滅」で、これを生き残った爬虫類が、中生代初めの三畳紀に急激に多様化し、哺乳類が出現したのだ。

先ほど、モササウルスも胎生だといったが（海洋に生息し大型化したことで胎生になったと考えられている）、爬虫類として早く分岐した首長竜は哺乳類と同じ胎生。魚竜は胎内で卵が孵化する卵胎生。現生のヘビは卵生か卵胎生で、有羊膜類から早くに分かれた、これらの爬虫類には多彩な生存戦略がある。

一方、カメ・ワニ・翼竜・恐竜（トリを含む）グループの中では、カメがもっとも早く分岐している。理化学研究所による現生のカメ（スッポンとアオウミガメ）は約2億5000万年前（古生代後半）に独自の進化の道を歩み始めたと指摘している。

これらのグループの爬虫類は、殻付きの卵を産んでいたのではないかと僕は想像している。現生のカメもすべて卵生であることから、殻付きの卵を産むことを獲得したのも、カメがいちばん早かったのかもしれない。

では、具体的にカメ類がいつ出現したのかというと、中生代の三畳紀（約2億5190万〜約2億1300万年前）後期、恐竜とほぼ同時期だ。現在明らかになっているもっとも古いカメは「プリスコケリス」で、約2億3000万年前の地層から化石が発見されている。ただし、背甲骨のほんの一部しか発見されていないので、まだ謎が多い。ペルム紀後期に起きた地球史上最大の「大量絶滅」によって、種レベルでは96％以上、属レベルでも83％以上が絶滅したのだが、カメ類はこの大量絶滅をすり抜けた。そして、1億2000万年前にウミガメ類が登場する。この最古のウミガメの化石はコロンビアで発見された「デスマトケリス」。以降、現在まで脈々と種をつないでいるのだ。

話は少々脱線するが、恐竜と他の爬虫類の大きな違いは足の骨と骨盤のつき方にある。ワニを思い出してもらうとわかりやすいが、爬虫類は体の横から斜め下に足が伸びている。一方、恐竜の足はまっすぐに下に伸びていて、立つことができる。まさしくトリの立ち方と同じだ。

現在、鳥はティラノサウルスなどと同じ仲間、獣脚類から進化したという見解が主流となっている。ティラノサウルスに羽毛があったことは、最近では定説になっている。中国で発見された「アンキオルニス（Anchiornis huxleyi）」という恐竜はどうみても鳥だ。しかし、アンキオルニスを鳥類とすべきかの議論は続いている。

どうやら、ヨーロッパの人にとっては、ドイツで発見された始祖鳥（1億4600万~1億4100万年前の地層から発見）が鳥類の祖先でなければいけないらしく、始祖鳥よりも古く、1億6000万年前に生息していたアンキオルニスを鳥とは認めたくないらしい。アンキオルニスという学名は古代ギリシャ語で「ほとんど

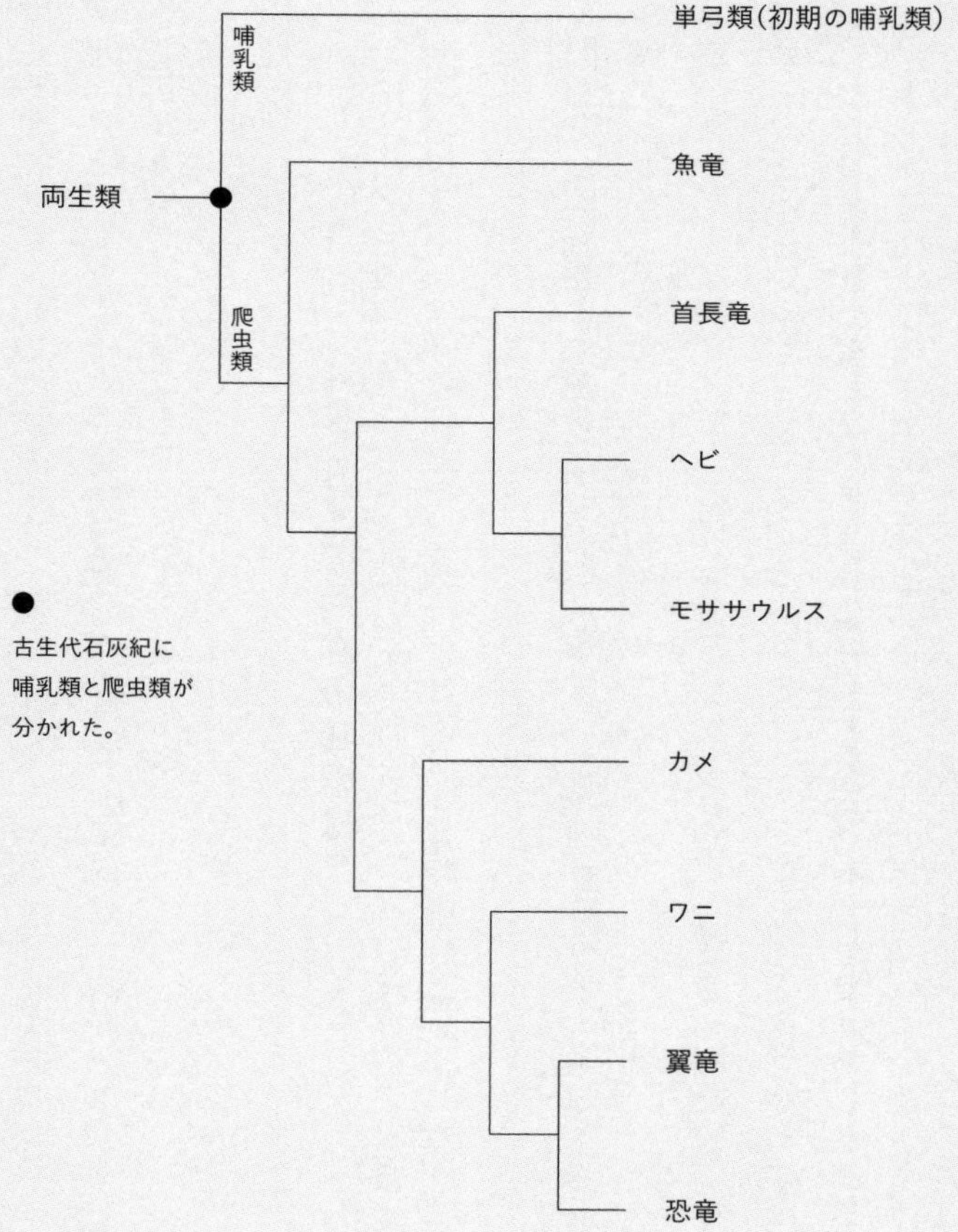
単弓類（初期の哺乳類）
哺乳類
両生類
魚竜
爬虫類
首長竜
ヘビ
モササウルス
古生代石炭紀に
哺乳類と爬虫類が
分かれた。
カメ
ワニ
翼竜
恐竜

進化図

鳥」という意味で、皮肉たっぷり、ほとんど嫌がらせのような命名だ。

進化や生物学に、人の功績や努力、関与や感情を加味する必要性はいっさいない。が、往々にして、それがまかり通ってしまう。このことはウミガメの保全にとっても重要なカギとなるので、覚えておいてほしい。

ウミガメの潜水の秘密は？

爬虫類のウミガメは肺呼吸だが、長いときで2～3時間、息を止めながら泳ぎ続けることができる。それはウミガメの心臓に秘密がある。

人間を含む哺乳類の心臓は二心房二心室で、二酸化炭素が多い静脈と酸素が多い動脈が混じることはない。

一方、ウミガメは不完全な二心房二心室をしていて、左右の心室を隔てている中隔に三日月形に穴が開いている。その穴を通じて、静脈血と肺静脈血が混ざり合い、左心房から動脈流となって全身に酸素を送る。不完全ではあるが、このような血流のシステムが代謝を下げ、長時間の潜水を可能にしている。

ちなみに、ワニもまた独特の心臓をしている。ワニも基本的には二心房二心室なのだが、左右の大動脈弓の間にバイパスがあり（パニッツァ孔）、潜水時には弁が開く。肺に血液を送る無駄を省き、長時間潜水ができるのだ。そして、陸上にいるときは弁が閉じられ、人間と同じように全身を回った血液は右心房から右心室に戻り肺へと回り、肺で酸素を取り込み、全身へとめぐる。

ウミガメは何年生きるの？

そもそも、ウミガメがどのくらい生きるのかもはっきりとはわかっていない。成熟する（繁殖できる）までにかかる年数や成長のスピードは、種はもちろん、生息する海域の水温や栄養状態によっても異なるため、一概に「ウミガメの寿命」で語れないのだ。

明らかになっている事実から推測すると、たとえば、コスタリカのアオウミガメで12回産卵した個体が確認されている。3年おきに産卵するとして36年、成熟までに20年から30年かかるといわれているので、熱帯地方では少なくとも60年以上は生きると考えられる。

また、アオウミガメの産卵地としては世界最北に位置する小笠原は、ウミガメの生育域としては気温が低い。日本沿岸のかなり寒いところでエサを食べているので成長が遅く、成熟年数に達するまで40年以上かかっていると考えられる。僕たちが行ってきた調査では、小笠原の平均産卵回数は4年に1回。標識漂流で11回産卵上陸した個体を確認していることから、85年近く生きていると考えられる。

これらのことから、ウミガメの寿命はほぼ人の寿命と同じくらいとみてよさそうだ。

ウミガメってどんな一生？

ウミガメの生活史も謎に満ちている。メスガメが砂浜に卵を産みつけ、2か月ほどでふ化をする。ふ化した稚ガメは地表に出てすぐに海に向かい、ただひたすら沖を目指す。沖に出た稚ガメは海流に乗り流れ藻（海面に浮かぶ藻類や海藻）にたどり着く。流れ藻は稚ガメにとって居心地のいいベッドのようだ。この流れ藻に身を委ねながら漂流生活に入る。

その後、成長期を外洋で過ごし、ある程度成長をするとエサのある海域で暮らし、完全に成熟すると産卵期前に交尾海域へと向かう。そして、メスは生まれた海岸に戻って産卵……というのがウミガメの生活の大きなサイクルだ。

ただ、タイマイやヒラタウミガメ、ヒメウミガメ類がこのサイクルに当てはまるかどうかわからない。

アカウミガメを例に出すと、大洋の西側の繁殖地でふ化したアカウミガメは、海流に流され東側の大陸寄りで成長し、15年ほどかけて甲長60センチほどになると西側の繁殖地の海域に戻って、10年以上かけて成熟する。

日本で生まれた稚ガメはカリフォルニアまで3〜4年かけてたどり着き、10年余りを豊富なコシオリエビを捕食しながら過ごす。ただ、ふ化稚ガメのすべてがカリフォルニア沖まで行くわけではなさそうで、やはり詳しいことはわかっていない。

アカウミガメは比較的生態が明らかになっているほうで、他は種や地域によっても回遊パターンがみな違っているし、何年くらいで成熟するのかも明らかになっていない。日本、オーストラリア、フロリダを除き、ライフサイクルがいまだにまったくわからない地域も多くある。

もっとも長い距離を旅するのは、オサガメだと考えられている。パプアのオサガメは産卵後、北米のカリフォルニア沖まで1万2000キロも旅をする。それを2~3年おきに繰り返している。なぜ、このような旅をオサガメはするのか。本書のタイトルにあるように、オサガメは産卵海岸の沖合100キロほどで交尾する。海のど真ん中で、どうやってオスとメスが出会うのか？　人知の及ばない行動が多く、こうした根本的な謎に僕はいまとても興味がある。

地球温暖化でメスガメばかりになる？

本文で詳述するけれど、ウミガメは温度が高いとメス、温度が低いとオスが産まれる。このことから昨今指摘されているのが、地球温暖化が進んで砂浜の温度が上がるとメスばかりが産まれてくるのでは？　ということだ。実際、オーストラリアのグレートバリアリーフのアオウミガメの性比が、メス116に対しオスが1という偏りが生じたという調査報告もある。

確かに、地球温暖化は、性比を温度に依存しているウミガメには影響が大きく、海水温の変化でウミガメが利用しているエサ場の植生や生息生物が変遷する可能性も高いだろう。

しかし、ウミガメ類は中生代の温暖化の時代から現在の氷河時代まで生き抜いてきている。氷河時代は、南極の氷河の形成がはじまった4900万年前からと考えられている。258万年前の新生代第四紀には、寒冷化がさらに進み4〜10万年ごとに氷期と間氷期を繰り返してきた。氷期から間氷期への気候変動は、現在の温暖化と似たような状況で、現在は最終間氷期にあたる。

温暖化の時代から4900万年もの氷河時代を、ウミガメ類は多様化しながら生き抜いている。もちろん、第四紀（258万年前〜現在）の厳しい氷期の訪れは、4300万年前の南極の氷床が形成され3400万年前に大きく発達したことに起因している。第三紀中新世から鮮新世後期（230３万〜360万年前）まで生息していたウミガメ科のシーロムスは、地球寒冷化の影響で絶滅したのかもしれない。現生種の古い化石は出ていないので詳しいことはよくわからないけれど、単純に温暖化によってメスが増えるということにはならないのではないだろうか。

現在の温暖化は人為的なものであり、かつてない急激な温暖化が進行していることは、海岸をフィールドにしている僕らにとってはもちろん気がかりだ。しかし同時に、ウミガメの産卵を目の前でみていると、彼らにはやっぱり独特の生存戦略があるように思えてならないのだ。

2章

移植でウミガメは増やせない

ウミガメ〝保護〟最大の思い込み

世界のウミガメ繁殖地のいたるところで、ウミガメの卵の盗掘が行われている。そのため、産卵巣から卵を取りあげてふ化場に移すことが当たり前の〝保護〟手段となっている。日本でも、産卵巣が波をかぶるとふ化率が落ちる、稚ガメが死んでしまう、あるいは、砂浜を走る車に卵がつぶされてしまうといった理由で移植をしているところは少なくない（とくに紀伊半島より東の産卵地では積極的に移植が行われている）。また、卵の保護という理由に加え、「生命の尊さを教える」といった教育的目的を謳うところもある。「ウミガメが減少していて絶滅の危機にある。卵を移植することはウミガメの保護に役立つ」

こう聞いてもっともだと思う人も多いだろう。しかし、これは思い込みに過ぎない。

じつは、卵の移植によってウミガメが増えた地域は世界中、どこにもない。ウソだと思うのなら、全卵移植している地域を調べてみるといい。ウミガメが増えている地域は、ほったらかしにしている繁殖地だけだ。そして、ほったらかしにできている繁殖地は世界中で数えるほどしかない。

むしろ、移植にはたくさんのリスクがある。

まずひとつが、産まれてくるカメの性比の偏りだ。ウミガメは卵が産み落とされた地中、ふ化前の温度によって決まる。ふ化したときの環境によって性別が決まることを「温度依存性決定」（TSD：Temperature-dependent sex-determination）といい、ミシシッピーワニやクサガメ、ニホンヤモリなども卵の置かれた環境によって性別が分かれる。

ウミガメの性決定については1980年にアメリカとカナダの研究者 Yntema & Mrosovsky が論文を発表し、当時、ウミガメの世界では大ニュースとなった。僕がこのことを知ったのは小笠原水産センター時代で、海外の文献を読んで知り、たいそう驚いた。すぐに倉田さんに話をしたのだが、「そんなバカなこと、あるわけない」の一言で一蹴されてしまった。この頃はまだ、得られた知識を自分たちがやっている現場と結びつけるという発想自体ができなかったのだ。

ウミガメの卵は砂浜の中で生育し、約50日程度でふ化する。その中間の時期、砂浜の温度が高いとメス、温度が低いとオスが産まれる。また、ちょうどオスとメスが1対1に産まれる温度――ピボタル・テンパラチャーがある。

これらの温度は種によっても地域によっても違っていて、小笠原のアオウミガメについては1980年代後半に海洋センターで実験を行っている。当時はメールなどない時代で、生殖腺の切片の顕微鏡写真を Mrosovsky 博士に郵送してオス・メスの判定をしてもらった。28・5度以下だとオス、30・3度以上だとメスになり、中間の29・4度でその比率は1：1という結果となった。

性が決まる前、産卵直後の卵を取り出しふ化場に移すと、一か所に集められるため性比は偏ってしまう。移植はウミガメの性決定を人為的に左右してしまうのだ。

卵を殺してしまう移植

それればかりではない。ウミガメの卵は砂浜に産みつけられたときに、空気中の酸素と接することによって発生が再開される。「再開される」というのはおかしな表現だと思うかもしれないが、じつはウミガメの卵はメスガメの体内にいるうちに発生がはじまってい て、胚が1ミリくらいの大きさになるといったん、発生が止まる。そして、卵が産みつけられた直後から発生が再開し、卵の上下が決定する。その上下が決まった卵を垂直回転させてしまうと、正常な発生が妨げられてしまい、ふ化率が極端に下がってしまう。

上下が決まり胚の位置が固定されたあとに、垂直方向に回転がかかると胚の位置がずれ、胚が酸素を吸収することができなくなって死亡してしまうのだ（このことは、おそらくどの文献にも出ていない）。

そのため、移植をする場合には細心の注意が必要になる。移植するのは、胚の発生が進む前、産卵から2時間以内（かつては産卵から6時間以内といわれていた）。卵を垂直回転させずにふ化場へと運ばなくてはいけない。

しかし、こうした移植する時間や運び方の注意は40年も前から指摘されているにもかかわらず、移植を続けている地域では卵を移すのにバケツを使っていたり、手軽だとレジ袋を使っていたりする。こんなことが、当たり前に行われている。誰が考えたって、垂直回転が起きているでしょ。

また、海外では明け方に移植を行っているところもある。メスガメは深夜に上陸して産卵をする。夜が明けるまで待っていたら2時間はゆうに過ぎてしまう。

移植をしている人たちは「正しいことをやっている」と思い込んでいるので、しかたがないことかもしれない。厳しいいい方になるが、いずれウミガメがいなくなるだけだし、そもそも移植するしかない海岸だとしたら、すでにウミガメの産卵地としての価値はない。

盗掘対策には軍隊を

もうひとつ、指摘しておきたいのは、移植をやっている地域のほとんどが、自然海岸とふ化場のふ化率の比較さえ行っていないことだ。これが僕には不思議でならない。

移植によってふ化率が上がったと喧伝しているところもあるが、その中身をみてみると、ふ化場でふ化しなかった卵を調べて肉眼で胚がみられないのは、「もともとふ化する可能性がない卵だった」と判断し、それを除いて計算したりしている。分母が小さくなれば、当然、ふ化率は上がる。捏造まがいなデータを誇らしげに公表している団体もあって、開いた口がふさがらない。

日本で移植している地域のふ化率は40％ほどしかない。メキシコやコスタリカのオサガメのふ化場でのふ化率は25％。インドネシアのパプアでもふ化率は同じくらいだ。

海外では「卵が盗まれないように」という理由で移植をしている地域・団体がほとんどで、当然のことながら自然ふ化率などのデータはない。「だって盗掘があるからしょうがない」と、こんな声が聞こえてくる。これは、実際に僕がメキシコのオサガメプロジェクトの責任者に直接質問したときに聞いた言葉だ。「盗掘」は移植をしたい彼らにとって、免罪符となっているかのようだ。

移植をするにしても、その海岸で自然ふ化がどのくらいあるかを5年くらい、しっかり調べるべきだし、盗掘や食害は他の方法で解決すべきだと思う。ずっと思っているのだが、盗掘があるから移植をするというなら、海岸に5メートルおきに軍隊でも配置すればいい。そのほうがコストもかからないし、完全に盗難を防げる。移植なんかするよりよほどウミガメのためになる。

移植が母浜回帰を狂わせる？

移植の問題点はまだある。僕がいま、もっとも問題視しているのが、ウミガメの「母浜回帰」への影響だ。移植によって、ウミガメが成長しても生まれた海岸に戻れなくなってしまう可能性があるのだ。

ある繁殖地でふ化したウミガメは、成熟するとその繁殖地に戻ってきて産卵する。「母浜回帰」と呼ばれ、ミトコンドリアDNAの解析から明らかになった。ミトコンドリアDNAは母親からの性質を伝える「母系遺伝」をし、4000年に1度の割合で変異を起こすといわれている。そのため、数百万年以上種をつないでいると考えられるウミガメは、その繁殖地特有のミトコンドリアDNAの変異がみられ、その変異の度合いから、繁殖地間の関連もわかってきている。他の繁殖地ではみられないミトコンドリアDNAの配列があったり、他のいくつかの繁殖地と共有の配列があったり。さらには、繁殖地によってその割合が違っているのだ。

なぜ大海原を何千キロも旅し、産まれた海岸へ戻ってこられるのかというと、ふ化前後に生まれた場所の地磁気情報が刷り込まれ（インプリンティング）、生まれた海岸に戻ることができると考えられている。

こうした帰巣本能によって種として維持ができるのであろう。もし、繁殖地の情報が刷り込まれていないとすると、ウミガメ類は世界中に拡散する。ランダムに拡散すると、成熟したとき、繁殖のためにオスとメスが集合する位置や場所、タイミングが一致する確率は限りなく低くなる。つまり、産まれた海岸に戻らないとすると、ウミガメはとっくに絶滅していると考えられる。

一方で、刷り込みはそれほど確実なものでなく、長い年月の間に変化しているのだろう。そうして、ウミガメ類は徐々に世界に拡散した。これもまた遺伝子分析によって明らかになっている。繁殖地の情報が絶対でないこともまた、種が絶滅しない条件だったといえる。インプリンティングされた地磁気情報を頼りに、生まれた海岸へと戻るわけだが、それは、絶対方位ではなく、磁力線の流れを認識していると考えられる。

地球自体を大きな磁石としてみると、北の極点が「北磁極」。方位磁石（コンパス）が示す「北」が北磁極だ（北磁極＝北極点ではない）。北磁極は常に移動していて、数年前、北磁極がカナダ北極圏からシベリアに向けて年間55キロ以上も移動していることがわかり、専門家の間で大きな話題になっていた。

現在の日本では北磁極は西に7度偏っているが、200年前にはほぼ真北。350年前には約8度東に偏っていたといわれる。太平洋プレートを調査してみると、中央海嶺から噴出した溶岩に当時の磁極方向が記録されていて、最近の76万年間は、磁極は逆転していないが、この300万年に14回入れ替わっているそうだ。

現生のウミガメ類の祖先がこの地球に現れたのは、1億2000万年前。それまでの間には磁極の移動や南北が反転した時代もあったわけで、それらを超え、絶滅せずに現在に種を維持していることからも、ウミガメのインプリンティングと地磁気の関係は想像できる。

移植に話を戻そう。6章でさらに詳しく説明するが、移植によって卵は地磁気を狂わされたのと同じ状態になってしまう。結果、生まれた海岸に戻れなくなる。これは僕が発見し、2019年3月にアメリカのノースキャロライナで開催された国際ウミガメシンポジウムのワークショップでは僕が、本会議のプレゼンではＥＬＮＡ職員の近藤理美さんが発表した。近藤さんの発表のあと、会議場がシーンと静まり返ったのが印象的であった。移植を否定する決定的なデータとなると確信したのだが、移植を頑として続けたい人には響かず、現在も検証データを集めているところだ。

移植をしている人たちは「卵を守る」ためだという。しかし、「卵を守る」ことと、「ウミガメを増やす」ことは必ずしもイコールにはならない。ウミガメを増やすという意味で「卵を守る」というならば、移植という選択肢が真っ先に出てくることはありえない。

1989年に日本で初めてウミガメ条例をつくった鹿児島県は当初、ウミガメの産卵が確認されている市町村にふ化場を設置して移植を行っていた。しかし数年後、日本ウミガメ協議会が移植は保全につながらない可能性があることを指摘すると、県はただちに移植を禁止した。このことを聞いて僕はとても感動をした。

一方で「ウミガメを守るため」といいながら、まったく結果に結びつかないものを〝保護〟だといって続けるのは、なにか別に人間の都合があるのではないか。その行為は盗掘となにが違うんだ⁉ と僕は思ってしまう。

繰り返す。全卵を移植することによってウミガメが増えた地域は世界中、どこにもない。

カメの生態を無視した放流会

参加者を集め、ヒトの手で稚ガメを海へと放す放流会。こちらも移植と並んで、世界中のさまざまな地域で行われている。懸命に砂浜を進むカメの姿に命の尊さを教えられたとか、参加した子どもたちに笑顔が浮かんだとか、「いい話」としてメディアでも広く報じられる。しかし、僕からすると放流会は稚ガメを殺している行為だとしか思えない。なぜなら、カメの生態をまったく無視した行為だからだ。

卵からふ化した稚ガメは、4日から1週間ほどで地上に顔を出す（脱出）。このときの稚ガメは「フレンジー」という興奮状態にあって、四肢をさかんに動かして海へと向かう。海へ入ることができれば、稚ガメは波に対して直角に泳ぐようにプログラミングされているため、沖へと向かうことができる。

沖合に出ると、潮流にぶつかる。頭の向きはある方向を向いているが、潮の流れに逆らって泳げるほどの遊泳力はまだなく、自然と潮の流れに乗ることになる。潮流に流されて漂っていくと潮同士がぶつかる潮目にいきつく。そこには流れ藻がある。

流れ藻にはさまざまな生物が生息し、魚の卵なども絡まっている。流れ藻はふ化稚ガメにとって、幼少期を過ごすいわば〝三食昼寝つきの憩いの場〟だ。稚ガメは、この流れ藻とともに漂い、さらに大きな流れ藻と合流しながら成長していく。ウミガメの浮遊生活のはじまりだ。

この流れ藻と出合わなければ、稚ガメは餓死するか、捕食される可能性が格段に高くなる。この流れ藻にたどり着くかどうかが、ウミガメの生死を分けるのだ。これについては、アメリカ・フロリダ大学のブレア・ウェザリングトン博士が証明している。彼はフロリダで産卵するアカウミガメの稚ガメをゴムボートで1週間、ひたすら追跡。稚ガメがたどり着いた流れ藻には、何頭かの稚ガメがいたのを確認したのだ。

ちなみに、流れ藻を確保した稚ガメが定住生活に移るまでのことは解明されておらず、「ロスト・イヤー」と呼ばれている。小笠原のアオウミガメの場合、ふ化して海に入ってから3〜4年後に日本本土の沿岸にたどり着き定住生活に入るのだが、それまでどう過ごしているのかはまったくわかっていない。

稚ガメが脱出し、海に入って流れ藻までたどり着くまでは、卵の中で蓄えた卵黄の栄養分を使う。卵黄の栄養分はふ化からだと15日分、地表に出てからだと10日分ほどしかない。最初の1〜2日はフレンジーで栄養をふんだんに消費する。残った栄養分を使い終わるまでに流れ藻にたどり着くことができなければ、そのカメに未来はない。

お気づきだと思う。放流会は、稚ガメの生存を左右する流れ藻までの到達率を極端に低くするのだ。放流会はほとんどの場合、事前に開催日が決められている。ふ化した稚ガメは放流日当日まで水槽や箱の中で待たされて、卵黄の栄養分を消費してしまう。

たとえば、放流会まで3日待たされるとする。夜に生まれた稚ガメを3日後の昼間に放流するとなると、実質、残りの卵黄の栄養分は最大でも7日分もない。卵黄の栄養は10日分ほどなので、生き残れる確率は3分の2。フレンジーが起きたとしても、残りの5〜6日の間に潮に乗って、エサが豊富な流れ藻にたどり着かなければ餓死するだけだ。

また、放流前にフレンジーがまったくない状態のふ化稚ガメは、海へと放されても沿岸をウロウロするしかなく、最終的には補食されてしまう。

放流前に水槽に入れられた稚ガメは、水槽内でフレンジーが起きてしまうので、餓死や捕食によってほぼ100%死滅すると考えられる。どこに、生命の尊さがあるのだ。「かわいい」だけを売り物にしている、日時の決まった放流会を実施している団体には怒りを禁じえない。ウミガメをひたすら殺しまくっているだけだ。

じつは、ELNAが運営する小笠原海洋センターでも、稚ガメの放流会を行っている。光害がある大村海岸からはふ化場へと卵を移し（もちろん、卵の移動はふ化する直前だ）、ふ化場には少し浅く埋め、稚ガメの栄養分を確保させるために卵黄が完全に吸収されず少し盛り上がっている状態（栄養分が最大の状態）でふ化させている。そして、早朝にチェックをして生まれたことを確認したら、その稚ガメは当日夜には放流するという方法をとっている。

できうる限りの配慮をしているが、それでも人為的影響が必ずどこかにあるはずで、僕自身は、この方法も決していいやり方だとは考えていない。

人間の都合をカメに押しつけてはいけない。カメに合わせるべきなのだ。現在海洋センターでは、自然ふ化させる方法など、試行錯誤しながらさまざまな試みを行っている。

なにもしないのがいちばん！

ウミガメは政治や経済などヒトの活動と深い関係がある。ヒトはウミガメを食べるし、卵を売って日々を暮らすヒトがいて、はえ縄漁で生計をたてている漁業者がいる。ヒトの安全で便利な生活のためにダムが造られ、海岸はコンクリートで固められていく。

ヒトがいる限り必ずウミガメに影響を与える。でも、だからといって、ウミガメを守るために、ヒトの生活を守らなくていいという話ではない。じゃあ、どうしたらいいのか？というと、結局のところ、ヒトとの関わりをできる限り取り除いていくしかない。

さらにいうなら、ヒトとウミガメのすみわけを行い、ヒトはウミガメのライフサイクルに立ち入らないほうがいい。なにもしないのがいちばんなのだ。

カメが地球上に現れたのは2億3000万年前。ウミガメは1億2000万年前に出現していて、現生するウミガメも数百万年前から存在している。一方、現生人類はたった20万年の歴史しかない。ウミガメが築いてきた進化の歴史のなかで、なぜ人間は、ヒトの手助けが必要だと思い込んでしまうのか。

ウミガメの本格的な調査や研究がはじまったのは1960年代からだ。せいぜい60年の歴史しかなく、種や場所によっては二世代の時間にも足りない。僕たちはウミガメのことをほとんど知らない。ウミガメの生態を解明して理解する、ウミガメを保護できるということ自体が、現時点では思い込みなのだ。

お気づきかどうか、本章で僕は「人」を「ヒト」と書いている。「ヒト」も生物の一種という意味だからだ。

ウミガメのために、ヒトができることがあるとしたら、ヒトとの活動との接触を最小限にして、長期的に見守っていくことしかない。少しずつ、ウミガメのことを理解しながら、ウミガメのライフサイクルが維持できる環境を守っていくしかない。

海の力に任せる

僕たちELNAは「海の力に任せる」をモットーにしている。世界中のウミガメの数を増やしたり、生態を解明したりすることは不可能だ。それでも、できることはなにか？と考えたとき、ひたすら海岸を歩き、モニタリング調査を行い、継続的にデータを収集する。そこからみえた事実から、ウミガメを減少させている原因を探し出し、その減少要因を取り除く。調査や保全のためのシステムをつくる。

ウミガメの生息する砂浜をていねいに観察し続けていくと、その場所ごとの具体的な問題がみえてくる。対処できない光害のある海岸。地元の人による卵の売買システムや密漁。ブタによる食害などなど。すべての問題は直接的、あるいは間接的にヒトが関わっている。

相手がヒトなら、問題さえ明らかにできれば対策を立てることができるし、問題に対処することによって状況を変えていくことができる。それが結果として、ウミガメを守ることにつながる。というか、その程度しかできることはないのだ。ただし、その程度のことが、現状ではなかなか難しい。それがいちばん難しいことかもしれない。ヒトを眺めていると、付和雷同する一方で、決してひとつになることはないようだから。

ＥＬＮＡが活動している小笠原とインドネシアのジャワ海、西パプアでも、それぞれ繁殖地ごとにさまざまな問題があり、保全方法は異なる。が、ウミガメの産卵行動・ふ化を阻害する大きな原因を取り除いていくという点では共通する。そして、そのウミガメの産卵行動・ふ化を阻害する大きな原因は、ほとんどがヒトの関与、ヒト側に問題がある。

これは、僕一人の考えではない。ヒトの関与を極力減らしてウミガメを自然状態で何十年も見守っている地域がある。フロリダ州ではフロリダ大学や中央フロリダ大学が中心となって、モニタリング調査を行っている。先にも書いたがウミガメに影響を与えることは徹底的に排除していて、一部の地域は、研究者でさえも年に数回しか立ち入れない。このような状態が60年近く継続されているのだ。

フロリダ州も含めて、ジョージア州、サウスカロライナ州、ノースカロライナ州まで、アメリカの西海岸は、ウミガメの繁殖地としてヒトとウミガメがすみわけている理想的な場所となっている。

ウミガメコラム②

ウミガメを脅《おびや》かすもの

乱獲や混獲、卵の盗掘といった直接的なものだけでなく、ウミガメが生存できる環境が失われることもまた、ウミガメの資源量に大きな影響を与える。

ウミガメの保全は、ウミガメそのものではなく、むしろ、ウミガメが生息する場所や環境を維持することにある。ウミガメにとって脅威となっているものすべてを取り除くことは不可能だが、そもそもヒトの活動がウミガメを脅威に晒しているということを前提に考えていくべきだと思う。

マイクロプラスチックとゴーストネット

2019年、オーストラリアの研究者が海洋のマイクロプラスチックがふ化稚ガメを殺しているという論文を発表した。マイクロプラスチックに明確な定義はないけれど、およそ5ミリ以下のものをいい、ふ化稚ガメがマイクロプラスチックを1個食べると致死率は50%。2個食べると70%の死亡率だという。これは由々しきことだ。

オーストラリアのアカウミガメはおよそ36年で成熟するといわれているので、このまま何もしなければ成熟するカメがいなくなり、南太平洋のアカウミガメは数十年で姿を消すだろう。もちろん、オーストラリアだけの問題ではない。海洋のプラスチックごみを減らさなければ、世界中のウミガメは絶滅する。

マイクロプラスチックがウミガメにとって脅威であることは間違いないけれど、同じように深刻なのがゴーストネット、捨てられた漁網だ。ゴーストネットはウミガメだけでなく、大型海棲動物全体に影響を及ぼしている。

台風などで壊されたり、使えなくなったりして投棄された網（トロールネット、定置網、刺し網、まき網など）は、海流に乗ってゆらゆらと漂い続ける。海に生息する大型動物が、その網に一度引っかかると、自力で外すことができず、もがけばもがくほど絡みつく。

自由に泳ぐことができなくなって、海面に出て呼吸ができなくなるし、エサをとることもできなくなる。ウミガメだけでなく、クジラやイルカ、アザラシなども肺呼吸なので、このゴーストネットに絡まると命を落としてしまうのだ。僕の手元には網に絡まって死亡したウミガメの写真が二枚ある。一枚はまるまると太ったアカウミガメで明らかに窒息死だ。もう一枚はがりがりに痩せたアオウミガメで網に絡まったまま生き続け、餓死したと思われる。

サンフランシスコとハワイの中間にある海域は「太平洋ゴミベルト」とも呼ばれるほどのゴミの溜まり場になっているが、そこに漂う7万9000トンのゴミのうち、46%を漁網が占めていたという調査結果もある。

ゴーストネットや混獲だけでなく、船と衝突したり、スクリューで甲羅を割られたりして死んでしまうウミガメだっている。だからといって、ウミガメのいる海域に船を出さない、そこでは漁をしないなんてことにはならない。ゴーストネットの問題も、僕はやっぱり世界中で行われている漁業というヒトの経済活動の結果のひとつだと思う。

野生動物による食害

稚ガメの生存率は5000分の1などといわれるが、過酷なサバイバルは海に出る前からはじまっている。動物による食害だ。

卵の段階で食べられることもあれば、ふ化後、地上に出る前に捕食されてしまうこともある。どうやら、捕食動物は砂の中の卵や稚ガメの存在を、においや動きで探知しているようだ。

卵や稚ガメが野生のアライグマ、タヌキやキツネ、(きわめて特殊な例だが)ヘビなどの捕食者に食べられてしまうのは、自然界では当然のことだ。ウミガメが地球に出現してからずっと続いてきたことで、それでも、ウミガメは生存し続けてきた。

そう考えると、もともとその地域に生息している野生動物による食害がウミガメの種を脅かす理由にはならないはずだ。では、なぜ食害が問題になるのかといえば、現在、問題となっている食害の多くは、人間がそれまで生息していなかった動物を持ち込んだり、開発により動物が海岸に出てしまったりしたからだ。

鹿児島県の奄美大島ではハブ対策として1979年頃、30頭ほどのマングースが放たれた。が、マングースはハブを駆除することなく自然繁殖を繰り返し、ピーク時には推定で1万匹まで増えてしまった。そして、ウミガメの卵ばかりか沖縄にしか生息しないヤンバルクイナも捕食し、ヤンバルクイナも絶滅危惧種に指定されることになった。

最近では、沖縄の慶良間諸島の渡嘉敷村で住民が飼育用に持ち込んだニホンイノシシオス1頭とメス2頭が逃げ出して大繁殖し、ウミガメの卵や農業への被害が深刻化している。

ウミガメの卵の捕食問題は、都市に出没する外来種のハクビシンや人里へ下りてくるクマやイノシシと同じ。本来、生息していない地域へヒトが動物を持ち込んで起きた「移入動物」問題として考えなくてはいけない。

産卵や脱出を邪魔する海岸を照らす光

砂浜を照らす人工の光は、ウミガメにとっていいことはひとつもない。

ウミガメの産卵もふ化した稚ガメの脱出も、通常、夜間に行われる。暗闇の中、海から上陸したメスガメは明るいところを避けて産卵する場所を選ぶ。産卵したあとは、海の明るさを頼りに帰っていく。しかし、適した場所がみつからなければさまよい、産卵自体をあきらめて海に戻ってしまうこともある。

また、ふ化して地表に出てきた稚ガメも明るいほうへと向かう習性(走光性)をもっていて、やはり明るさを頼りに海へ向かう。本来、夜の海は地上よりも明るいものなのだ。でも、そこに人工の光があると、そちらの方向へと進んでしまう。

街に隣接した海岸だと、メスガメもふ化した稚ガメも街灯の明かりに引き寄せられ、路上に出て車にひかれてしまったり、側溝に落ちたりする。迷走したまま朝を迎えて、干からびるウミガメもいる。また、海を見失った稚ガメは迷っている間に、陸生の大型ヤドカリやネズミ、ネコなどの捕食者に捕まってしまう。

こうした光害に対しては、各地でさまざまな対策がとられている。フロリダでは、海岸に隣接するホテルの海側の窓は光が漏れないよう配慮するよう義務づけられていて、怠ると罰せられる。日本でも市町村によって産卵期の間、海岸に照らす街灯を消しているところもある。

また、ウミガメは青や白い光によく反応し、赤い光には鈍感だという報告があり、海岸沿いの街灯に赤いカバーをつけるという対策を講じたりもしている。

小笠原では、高速道路のトンネルなどに使われているオレンジ色の低圧ナトリウム灯が、比較的ウミガメに影響が少ないというアメリカの調査報告を受け、東京都は海岸からみえる街灯をすべてこれに変えた。最近では白色のＬＥＤライトを使っているが、効果のほどはまだわからない。

また、街に隣接し光害が避けられない大村海岸では、産卵シーズン中、ＥＬＮＡの職員やボランティアが夜間パトロールを行い、産卵した場所を確認し、完全に性決定するまで待って（だいたいふ化前1週間以内が目安）人工ふ化場へ卵を移植している。移植のリスクを最小限にするためだが、移植によって生じる問題点が解決できるかというと、それは断言できない。

砂浜への車の乗り入れ

ウミガメの産卵地では、産卵シーズン中（あるいはオールシーズン）に砂浜への車、とくに四輪駆動車の乗り入れを規制しているところがある。産卵のため上陸したメスガメや地上に出てきた稚ガメを、車が踏みつぶしてしまうことがあるためだ。また砂浜についた車の轍は稚ガメにとっては大きな障害となる。ふ化した稚ガメが海へ向かうのを邪魔することもあるし、轍にはまって乗り越えられず死亡することもある。

さらに、夜間の車のライトがメスガメの産卵上陸を邪魔することもある。すでに述べたが、海岸を照らす光はウミガメの産卵に少なくない影響を与える。産卵海岸の脇に車が通る道路があると、車のライトの当たらない場所での産卵が増える。もしくは、そのままUターンして産卵せずに戻ってしまうこともある。

確かに、産卵上陸したカメを車がひいてしまう事例は小笠原や沖縄であったし、砂浜にできた車の轍がふ化稚ガメの障害になるというのは、世界の何か所かで報告されている。車のライトによる光害については、海岸間近にバイパスが建設された静岡県湖西市でみられた（車のライトが海岸にもれないよう、遮蔽物の設置や植栽が行われウミガメへの影響はなくなった）。

しかし、「車体の重さが卵をつぶしてしまう」ことを理由に海岸への車の乗り入れを禁止している産卵海岸があるが、車体の重さで卵がつぶれたという事例は世界に一例も報告されていない。

車の圧力がどの程度影響を与えるのか、砂浜に圧力板を埋めて車を走らせるという実験をした人がいて、深さ10センチ以上では卵をつぶすほどの力はかからないことが明らかになっている。ウミガメが産卵のために掘る穴は、深さ30～60センチである。

もちろん、稚ガメが地表近くまで出てきた場合、車の圧力で砂が踏み固められ、地表に脱出できない可能性は否定できないし、人が歩いて踏み抜く可能性もある。だとしたら、屋久島で行われていたように産卵巣を囲えばすむ話だ。

保護団体の中にはわざわざ産卵巣を掘り出して卵室の断面をみせ、そのすぐ近くに四輪駆動車を置いて写真撮影しているところもある。一体なんのアピールなのか、僕にはまったく理解できない。

「砂浜に車が乗り入れないほうが、まぁ、自然のためにはいいんだから別にいいんじゃない?」と思う人も多いだろう。しかし、目的のために適切な手段が選ばれるべきで、それを蔑ろにすると容易に手段が目的化してしまう。これは本書のテーマのひとつにもなるが、保護活動自体が目的化してしまったとき、それはウミガメを脅かすものとなる。

砂浜の減少

このように、ウミガメが減っていった理由、または増えない理由はいくつもある。しかし、保全していくうえで大前提となるのが、ウミガメが産卵できる砂浜の保全だ。ウミガメの一生は砂浜からはじまる。メスガメが産卵に適した場所にたどり着き、卵が波にさらわれることなく、他の動物に襲われることなく安全に育ち、ふ化した稚ガメが地上に脱出し、海に向かう。そんな産卵に適した砂浜は失われつつある。砂浜の喪失はウミガメにとって種の存続を脅かす大きな脅威となる。

山の土砂が川によって運ばれ、波の強さや方向によって砂浜はつくられる。しかし、川の上流にダムが建設されれば運び込まれる砂は当然減るし、沿岸に港や防波堤などができれば、海流が回り込むようになり海岸が浸食されてしまう。砂浜がやせ細れば、ウミガメは産卵できなくなる。

また、砂浜に設置された消波ブロックや離岸堤は、上陸したメスガメの行く手を阻む。ときには、ブロックに挟まれて命を落とすウミガメもいる。産卵に適した場所までたどり着くことができず、少しでも強い波がくると水没してしまう波打ち際に産卵するものや、ブロックにぶつかって産卵をあきらめて海へ戻ってしまうものもいる。

とくに自然海岸がほとんど失われた日本では、ウミガメを守ることはダイレクトに海岸環境を守ることにつながる。

この先の開発は、海岸とそこに生きる動物や植物への十分な配慮が求められる。でも、すでにあるダムや防波堤、港の存在をどう考えるのか。アメリカではダムを撤去して、自然環境を再生することがムーブメントになっている。日本もウミガメを守るためにダムを壊せばいいのか？　というと、そういう話ではないと僕は思っている。

結局、できることといえば、せいぜい人によって持ち込まれた動物による食害を減らす。海岸に流れ着いた巨大な伐採ゴミを排除する。その程度のことだ。逆にいうと、海岸の浸食が止められず、近い将来、明らかに産卵できない状態が予測されるとき、そのような海岸のウミガメを守る理由があるのだろうか。

暴論に聞こえるかもしれないが、正直、僕にはその理由を見出せないでいる。人為的な手助けがなければ生存できないウミガメを、「保護」という名目で守ることに意味があるとは思えないのだ。

ウミガメを保全の対象としてかつての状態に「戻す」ことと、保護の対象として「守る」ことはまったく違う問題だ。保全というのは、砂が十分に供給され（もちろん砂の供給だけではないけれど）、ウミガメの繁殖地として十分な海岸環境が機能している状態を維持し、間接的・直接的に人為的影響によって減少してしまったウミガメを増やすことだ。一方、「守る・保護」は、ウミガメだけを対象としている場合が多いように思う。

沈水護岸や離岸堤、宮崎の一部でみられる緩傾斜護岸などのように、砂の供給が限られれば、海岸から砂はなくなっていく。砂が減少している状況でウミガメを守ろうとすると、卵を守らなくてはいけないというジレンマに陥る。結果、移植を行うことになってしまう。

このような海岸でもウミガメが天然記念物になっているところもあって、「ウミガメが産卵する貴重（自然）な砂浜」が謳い文句になっていたりする。

しかし、「昔は、いっぱいウミガメが上陸していた自然豊かな海岸だった……」で、終わってしまわないだろうか。それとも、とりあえずあと20年ウミガメの産卵がみられればいいのだろうか。100年維持できれば十分なのか？このような場所で何年も「守る・保護」を続けていても減少を食い止めることはできない。

3章
小笠原のアオウミガメ

ウミガメとともに歴史を刻む島

小笠原諸島は東京の南南東1000キロの沖合にある。大小30あまりの島々が点在し、人が住んでいるのは父島と母島だけ。飛行場はなく、繁忙期以外は6日に1便運行する定期船だけが本土と島とを結んでいる。

小笠原はその歴史を刻みはじめたときから、ウミガメと深い関わりがある。小笠原諸島父島に人が定住するようになったのは1830（文政13）年。すでに述べたように、アメリカの捕鯨船の寄港地として注目を集めていた小笠原に、欧米人5人とハワイのカナカ族20数名が移住してきたのだ。彼らは野菜や穀類、イモなどを栽培し、家畜を飼い、ウミガメ漁を行い、これらの食料を寄港する捕鯨船の乗組員らに売って生計を立てた。

余談になるが、ジョン万次郎の名で知られる中浜万次郎がアメリカへ渡るきっかけとなったのが、捕鯨船とウミガメだ。1841（天保12）年1月、万次郎は14歳のときに炊事係として仲間4人とともにアジサバ漁の漁船に乗り込む。が、足摺岬沖で突然の強風にあい漂流。5日後に伊豆諸島の無人島、鳥島に流れ着く。漂着から143日後にアメリカの捕鯨船ジョン・ハウランド号に発見されたのだが、この船がなぜ鳥島に立ち寄ったのかというと、ウミガメを探すためだったそうだ（船長のホイットフィールドの航海日誌に記載されている）。

また幕末、アメリカ海軍東インド艦隊を率いて日本に開国を迫ったマシュー・ペリーは2回、日本を訪れているが、いずれも小笠原に寄港している。燃料や水を補給し、現在小笠原水産センターが建っている土地も購入（この契約書はハワイのビショップ博物館に保管されている）。ペリー艦隊には食糧確保船があり、小笠原で食用にアオウミガメを70頭積み込み、「下田でおおいに賞味した」なんて記録も残されている。

1876（明治9）年になって、小笠原諸島は国際的に日本の領土として認められる。すでに島に生活していた欧米系やハワイ系の人々は、アメリカ式捕鯨の衰退とともにそのまま見捨てられ、日本人に帰化させられ日本人となった。小笠原には彼らの子孫がいまも暮らしていて、島の電話帳にはカタカナの名前が多く並んでいる。

明治政府は日本の領土となった小笠原へ八丈島から開拓団を送った。八丈島ではかつて「カメカメ祭り」という祭りが行われ、そこではウミガメを食べていたという。ともにアオウミガメを食べるという食習慣をもつハワイと八丈島の人たちによって、小笠原は開拓されていったのだ。

小笠原でのウミガメ漁は人が定住した1830年からはじまっていたが、日本の領土となった1876年からは産業振興の一環として積極的に奨励された。ウミガメの缶詰は日本国内やグアム島へも輸出。1876年には3000頭以上のウミガメが捕獲されたといわれている。

国の政策としてウミガメ漁が勧められたため、小笠原には1880（明治13）年から、じつに140年間の捕獲記録がある。これは、世界でもっとも長期にわたるウミガメの漁獲統計であり、世界に誇る貴重な記録でもある（もちろん、現在も引き継がれている）。

その後、乱獲によって小笠原のアオウミガメは激減。農商務省（現在でいうと水産庁＋経済産業省）の役人が必死になって資源管理を進め、1910（明治43）年には世界に先駆けて人工ふ化放流事業もスタートしている。

持続的利用を実現する小笠原

2007年の時点で25年以上にわたりアオウミガメの産卵巣を計数している地域は、コスタリカのトルチュゲロ海岸、フロリダのアーチー・カー国立野生生物保護区、ハワイのイースト島、オーストラリアのレイン島とヘロン島、小笠原と世界に6か所。

そのうち増加しているのは、レイン島を除いた5か所で、もちろんこれらの地域はすべて自然ふ化だ。増加率をみるとフロリダが13・9％とトップで、小笠原が6・8％でそれに続く。小笠原では現在も年間135頭の捕獲頭数制限を設け、ウミガメ漁が行われている。それでも、これだけ高い増加率を誇っている。

日本ではウミガメを食べるという食習慣はほとんどなくなったが、世界に目を向けると、海に面しているほとんどの国でいまだにウミガメは食用利用されている。キューバなどでは合法的にタイマイを食べているし、オーストラリアのアボリジニの人々も食用のためのヒラタウミガメの捕獲を許されている。

しかし、ウミガメを利用しながら増えているところは世界に小笠原だけ。世界中で唯一、小笠原だけがウミガメを利用しながら増やすことに成功しているのだ。

島の食堂や民宿、飲み屋ではウミガメ料理が当たり前のようにメニューとして並んでいて、そのため、ＥＬＮＡには時折、こんなクレームが入る。

「民宿でカメの煮込みが出てきた！　あんたら、ウミガメの保護をしているのにそんなんでいいのか!?」

かわいらしいウミガメを食べるのはかわいそう。あるいは、絶滅しそうなウミガメを食べるなんてひどい、ということなのだろうが、みなさんは、どう考えるだろうか。

レッドリストを作成する国際自然保護連合（ＩＵＣＮ）やワシントン条約は、「持続的利用（サステナブルユース）」を掲げている。生物を殺さないことやかわいがることではなく、「継続的に人類が利用できるよう管理すること」を目的としていて、それが本来の〝保護〟

のかたちだ。

日本では「資源管理」や「適正捕獲」というと〝保護〟とは別モノだと考えられがちだが、その生物が生息する環境を含め、種を保全するために管理や捕獲が行われる。

アフリカではゾウを食べるし、オーストラリアではカンガルーを食べるし、アメリカではバッファローを食べる。日本人には理解しにくいかもしれないが、生息範囲とそこに生息できる頭数を決め、増え過ぎたときは間引いて食べる。

いまの小笠原のウミガメ資源は枯渇することのないレベルに保たれている。その意味で、東京都知事許可のもと頭数を制限しながらウミガメをとること、ウミガメを食べることに問題はない。しかし、明治初期の資源量と比べると20％ほどしか回復していないのも事実。利用しながら資源を管理するのが、小笠原の保全事業にあたっているＥＬＮＡの役割だ。もし、小笠原のアオウミガメに減少傾向がみられたときは、すぐさま警鐘を鳴らすことになる。

ＥＬＮＡの活動の肝「モニタリング調査」

小笠原は、僕にとってウミガメの世界の故郷だ。大学を出てから40代なかばまで小笠原に住み、小笠原海洋センターでウミガメと向き合う毎日を過ごした。44歳のときに島を離れたが、2006年からはELNAが海洋センターの管理運営を引き継ぎ、なんだかんだで小笠原のアオウミガメと関わり続けている。

小笠原での活動のメインは産卵巣のモニタリング調査だ。いや、小笠原に限らず、ELNAの活動の主軸がモニタリング調査だといえる。モニタリング調査とは、産卵巣の位置を記録し、ふ化後の産卵巣を掘り出して卵の状態を記録するというものだ。

ふ化は海岸の形状や傾斜、砂の質、温度といったその海岸の特性に影響される。個々の産卵巣の食害状況、ふ化殻数、発生がみられないもの、発生中の死亡、水没の有無など、それらの割合が海岸によってどう違うのかを知ることで、その海岸がどのような特性をもっているかがわかるし、ウミガメの産卵環境を明らかにすることができる。

また、継続的にデータを取り続けることによって、月ごと、年ごと、海岸環境がどのように変化しているのか。それにともなって産卵巣の状況がどう変わるのかがみえてくる。こうした、「ふ化後調査」こそがELNAとってのモニタリング調査だ。

僕らが「ふ化後調査」と呼んでいるこの調査は、日本では一般的に「ふ化率調査」と呼ばれているものに近い。研究者だろうとボランティア団体だろうと、海岸でウミガメに接していたら、このふ化率調査が活動のメインとなるのだが、僕らはあえてその呼び方を「ふ化後調査」に変えた。だからなんなの？　と、疑問に思う人がいるだろう。しかし、これは僕にとっては重要な変更だった。この言葉ひとつで、調査のあり方、見方が変わってくるからだ。

「ふ化率調査」というと、ふ化殻を数えて、ふ化率を求めることがメインとなる。一方、「ふ化後調査」というと、ふ化したあとの産卵巣の中の状態をみることがメインとなる。ウミガメを増やすためには、「何頭ふ化した」ことより、「なぜ、ふ化しない卵があるか」のほうが重要だ。

ずっと、ふ化しなかった卵を重要視してきていたが、数年前に小笠原の職員がいいはじめて、目覚めた。結果を確認するだけでなく、起こった現象に注目するべきなのだ。目の前の事実についてもっと広くもっと深く、「なぜそうなっているか」を考える。たったひとつの言葉によって意識が改まった瞬間だった。

鉄筋で卵を探す理由

小笠原では5月〜8月の産卵シーズンに、ポケットビーチと呼ばれる大小あわせて40あまりの産卵海岸で卵を探す。

産卵上陸する親ガメの頭数や産卵巣数をカウントし、産卵位置を計測。2か月後に掘り返してふ化状況を確認する。シーズン中は、その繰り返しだ。産卵巣は9ミリ径の鉄筋で砂浜を突いて探す。最初のうちは、誰でも間違いなく卵を割ってしまう。最近ではその死亡率は1％以下にまで抑えられるようになったが、決してゼロにはならない。

割れた卵からもれた中身は、周りの卵にまとわりついて呼吸を妨げてしまい、卵をいくつか死なせてしまうことになる。また、割れた卵のにおいが、捕食動物を招いてしまう可能性がある。

それでも、鉄筋で砂浜を突くという方法を続けている。なぜか。それは、産卵巣の位置が正確にわかるからだ。正しく巣の位置を把握することで、ふ化したあとの産卵巣を調査できる。さらに、食害や割れた卵がふ化率に与える影響を数値化することもできる。

データという明確な目的があるため、スタッフの卵探しへの意識も変わる。調査中は「あっ、割っちゃった」とか、「ウァオ、1個割ってしまった」といった言葉が飛び交う。長年やっているスタッフからは、「OK、割ってない」という声が次々と聞かれる。

小笠原海洋センターの職員の森元由佳里さんは、鉄筋を使った卵探しの精度と卵を割らないことで僕の上をいく。彼女の卵探しの技術は世界でベスト3に入るだろう。

死体は語る

小笠原の話からは少し外れるが、モニタリング調査と並んでＥＬＮＡが大切にしているのが死亡漂着（ストランディング）したウミガメの剖検だ。東京都の監察医だった上野正彦さんの著書『死体は語る』（文春文庫）はＥＬＮＡにとってのバイブル。死体は本当にさまざまなことを語りかけてくれる。

ストランディングした死体はさまざまだ。食道の喉付近までエサをいっぱいに詰めて死んでいったウミガメ、もうこれでもかというくらい腸の中に海藻を詰め込んでいたアオウミガメ、ヤドカリのハサミや殻を胃の中にぎっしりと詰め込んだアカウミガメ、消化管の中にほとんどなにも入っておらず、やせ衰えた未成熟のアオウミガメ。

死亡したウミガメたちは、一頭一頭が主張をしている。気管支の中に気泡があったり塩の結晶があったり、腸間膜の血管に気泡がみられたりすれば、溺死と考えられる。気管の中にぎっしり詰まった泡がみられると、死亡してから24時間以内だ。

食道から消化されていないアジが出てきたアオウミガメがいた。アオウミガメは草食だ。自然界では決して食べることのないアジを口にしたということは、死ぬ寸前に人の生活圏に迷い込んだということ。部検によって、死因だけでなく、最期の様子を知ることもできる。

現在では、関東沿岸域を対象にウミガメの漂着情報が寄せられると、ＥＬＮＡのスタッフが現地に入り、その場で剖検している。その数は年間１００頭以上、日本全体のウミガメの漂着死体情報の3分の1から4分の1になる。アオウミガメばかりではなくアカウミガメやタイマイ、ときにはオサガメやヒメウミガメにでくわすことがある。

とくにオサガメは漂着死亡の数が少ないため非常に貴重だ。オサガメが打ちあがったと聞くと、どこへでも飛んでいく。これまでも北海道に2回、青森にも1回行っている。紋別市にある北海道立オホーツク流氷科学センターの「厳寒体験室」には、僕たちが剖検したオサガメの標本がまだ展示されているはずだ。体験室はその名の通り厳寒だ。ものすごく寒い。凍える。でも紋別に行くことがあったら、僕らのウミガメに対する思いをぜひみてほしい。

死体の剖検は死因や減少要因だけでなく、ウミガメの生態を解明するための貴重な資料となる。たとえば、これまでの剖検データから、関東周辺に漂着するアカウミガメは、未成熟個体の割合が西日本に比べて高いことがわかっている。

日本沿岸でふ化したアカウミガメは海流に乗って太平洋を横断し、カリフォルニア半島の沖合で成長したあと、甲長60センチほどになって日本沿岸に戻ってくる。このサイズのアカウミガメの死体が多いということは、関東周辺が日本に戻ってきたアカウミガメの玄関口かもしれない、と僕は勝手にロマンを抱いている。最近はほとんど行かなくなったが、僕はストランディング調査が好きだ。こうした死体からのメッセージによって、謎だらけのウミガメの生態に、ほんの少しだけ近づくことができるからだ。

大村海岸の光害

小笠原諸島父島の大村海岸は、かつては産卵がほとんどみられなかったが、小笠原の産卵数の増加にともない、父島列島で40か所近くある産卵海岸の中でも、トップ3に入るまでになった。

大村海岸は街に隣接していて、海岸の裏手はちょっとした公園になっているのだが、街灯の明かりは海岸にまで届く。すでに触れたが、街灯の明かりは大きな産卵阻害要因となる。大村海岸近くの道路は、法的に街灯を消すことができないので、東京都や村の理解により、ウミガメに影響が少ない低圧ナトリウム灯などの街灯に取り換えられている。それでも、稚ガメは道路に出てしまう。

一時は、海岸裏手の公園や道路に稚ガメが迷走し、交通事故にあったり道路の側溝に落ちたりするため、毎晩のようにスタッフがバケツを片手に出動していた。そのため、大村海岸に限っては、ふ化前に卵を海洋センターまで持ってきてふ化場に埋めるという、普通とはちょっと変わった移植をせざるをえなくなった。

職員の数も少ないなか、移植は大変な作業になる。ふ化予想日の1週間以内を目安にして産卵巣を掘り出すのだが、卵の上下を変えないようにして取り出し、発泡スチロールに入れて（これだけでも1時間以上かかる）、ふ化場まで運び埋める。

ふ化場から脱出した稚ガメの一部は飼育し、残りは脱出した日に街灯のない海岸で放流する。まったく効率の悪い作業だ。それだけやっても、見逃した産卵巣から出てくる稚ガメがいて、夜中に海洋センターの電話が鳴り響く。

また、大村海岸は「ウミガメ観察ツアー」と銘打った観光ガイドたちの営業場所でもある。ツアー客をはじめとした観光客が夜、海岸にカメをみにやってくる。夕食が終わり、街中で一杯ひっかけた人たちも多い。

海洋センターの職員やボランティアは毎晩海岸をパトロールし、産卵見学での注意を呼びかけている。ウミガメのボランティアは女性が多く、酔っ払いに絡まれることもある。懐中電灯を持っている人にライトを消してもらうよう頼むと、「お前らのカメでもないのに、なんの権利があるんだ」と、絡んでくる輩もいる。なにかと大変なのだ。

父島列島には多くの産卵海岸があり、シーズン中、産卵メスガメは産卵場所を変えることがわかっている。だとしたら、大村海岸はライトを煌々と照らし、観光客には海岸でのバーベキューや焚火、花火などを存分に楽しんでもらえばいい。ウミガメは近くの別の海岸に移って産卵するはずで、そうすれば、小笠原の産卵巣はすべて自然ふ化できる。人とウミガメにとって最良の方法だと思うのだが、僕のこの意見はなぜか見向きもされない。

ヘッドスターティングへの期待

大村海岸から移植してきた卵は、ふ化場でふ化させる。ここ数年、産卵数は180〜270巣で、全卵の70%ほどがふ化している。このふ化率は他の海岸と比較すると、小笠原では非常に高い。これはカニによる食害や他のカメに掘り出される卵や高波による卵の浸水が、他の海岸に比べて少ないことによる。ふ化直前に移植しているので、大村海岸の特性がふ化場のふ化率に反映しているだけだ。

稚ガメのほとんどはふ化した当日に放流するが、一部は「ヘッドスターティング（短期育成）」を行う。人間の管理下で体重1キロ以上の大きさにまで育て、標識をつけて放流するのだ。ある程度の大きさまで育てることで標識を装着することができ、稚ガメの成長や

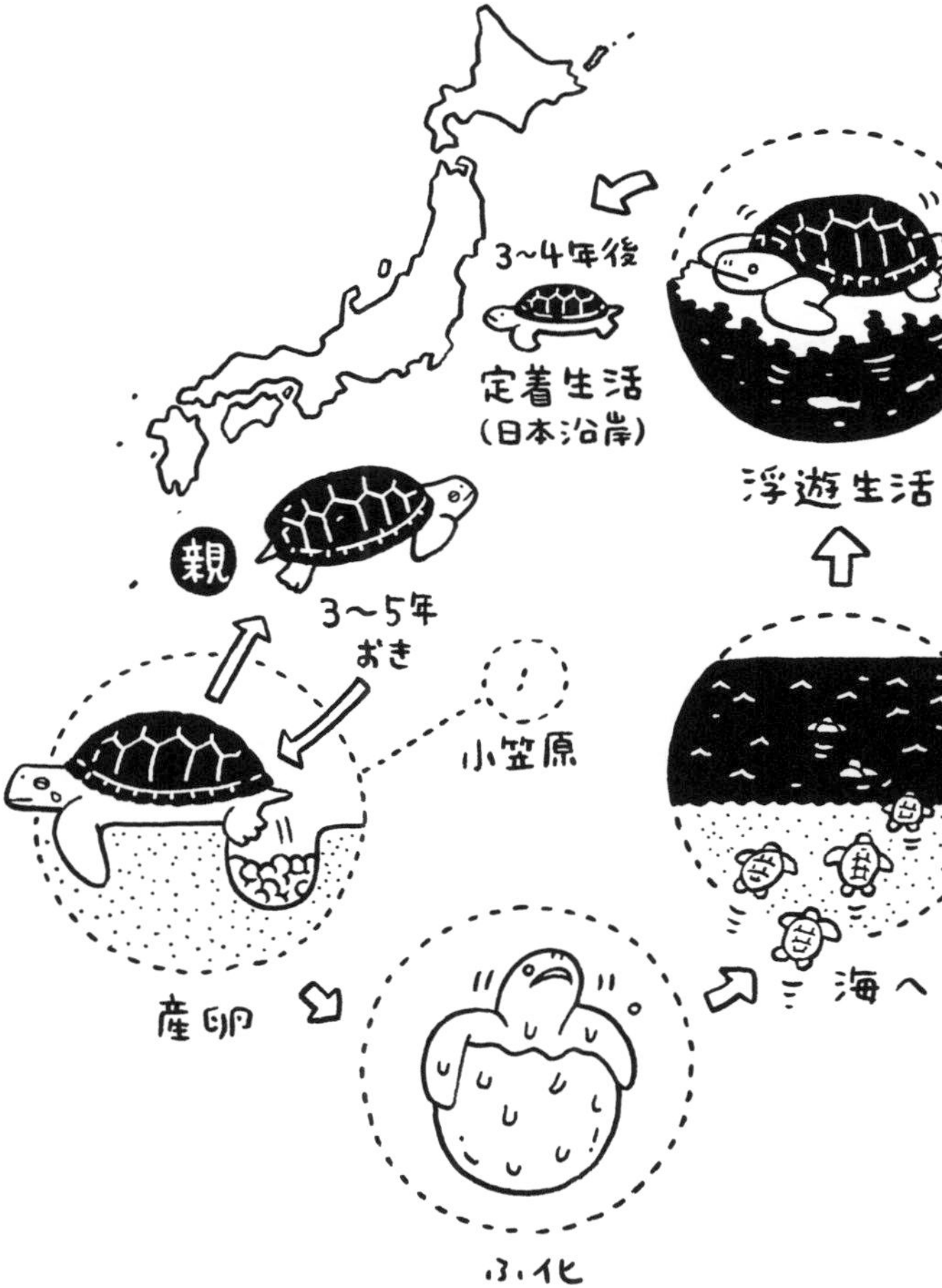

小笠原のアオウミガメの生活史

回遊範囲などの生態解明につながるデータを得ることができる。

これまで、年間200頭から300頭の稚ガメの飼育、放流を行なってきた。標識をつけたウミガメを再捕した結果から、浮遊生活から日本沿岸で定着生活する3～4年後まで、小笠原のアオウミガメの生存率は3％ほどだということがわかった。

一般的にウミガメは1000匹生まれて、大人になれるのは2～3頭だといわれている。ほとんどが子ガメのうちに命を落としてしまい、3～4年後の生存率は0・3～0・4％。この数字と比較すると、小笠原でヘッドスターティングしたカメは成熟後に産卵回帰する片道切符は手に入れたといえるのではないか。

ただし、これはまだ、索餌海域に行けるまで成長できるというまでの話。親になって小笠原に戻ってこられるか、〝帰りの切符〟を手にできたかはわからない。その証明のために、2004年、「リビングタグ」の装着を太平洋で初めて行った。

リビングタグというのは、ふ化後1か月から3か月くらいの間に、背甲と腹甲の鱗板を4ミリ角に切り取り、それを入れ替える。背甲には白い斑が、腹甲には黒い斑が定着する。年ごとに背甲の鱗板の場所を変えれば、その年に誕生した稚ガメの年度標識となる。

リビングタグを施した稚ガメを10年以上飼育したところ、この斑はきれいに残ることがわかっている。親になって戻ってきたとき、リビングタグを確認すれば、何歳になれば成熟するかがわかるというわけだ。リビングタグの装着は一時中断したが、この6年ほどは連続して装着している。

ヘッドスターティングによって、〝往復切符〟を手に入れられるという前例はすでにある。１９８０年代、フロリダではアオウミガメの産卵が年間数頭しかなく、アメリカは国家プロジェクトとしてヘッドスターティングを行った。各所の水族館が協力して、毎年１万頭を放流。これを30年間行ったのだ。しかし、帰ってくるウミガメはまったく増えず、「意味がなかった」とプロジェクトは中止された。が、その翌年から増加しはじめ、現在では１万頭が産卵のために上陸するまでになった。つまり、成熟して帰ってくるまでに、30年以上かかったのだ。

長い！　と思うかもしれない。しかし、32～33年で成熟するフロリダのアオウミガメはまだ早いほうだ。小笠原のアオウミガメが成熟するには僕の推定で40～45年くらいかかる。小笠原は世界的にみるとアオウミガメの最北の繁殖地であり、索餌海域は日本沿岸。水温は低く成長は遅いと考えられる。

僕らがリビングタグをつけたアオウミガメが帰ってくるとしても、２０５０年以降になる。僕自身がこの目で確認することはおそらくできないだろう。

基礎データとカメ研

その他、小笠原海洋センターでは、産卵期である6月〜8月には、産卵上陸したアオウミガメに標識を装着する「産卵メスガメの標識放流」を行い、産卵の間隔や産卵海岸への回帰年数、回遊範囲などの生態に関する基礎データを収集している。

また、3月〜5月のウミガメ漁期には、漁師が捕まえたカメの捕殺に立ち合い、さまざまな調査を行う。漁師やカメ肉を扱う業者のご好意によって行える調査で、肉などは食用として利用されるので、十分、注意を払いながら行う。

なにを調査するのかというと、ウミガメの消化管内の内容物や各臓器の状況などだ。また、メスの場合生殖腺をみると初めての産卵かこれまでどの程度小笠原を産卵のために往復したかがわかる。基本的には死亡漂着したウミガメを解剖するストランディング調査と同じだが、成熟しておりなおかつ生体であるぶん、得られるデータにはかなりの違いがある。ストランディング調査の場合、そのほとんどは未成熟ガメなのだ。

体内の輸卵管に殻のある卵があれば譲り受け、発生に関する実験を行いながら、ふ化させる。こうした調査ができるのは世界中でも小笠原だけ。それは小笠原のアオウミガメが合法的に捕獲されているからだ。この事実は僕らにとって非常に重要だ。

消化管内の内容物は、東京海洋大学のウミガメ研究会（通称：カメ研）と共同で調査を行っている。その調査結果は2010年にインドのゴアで開催された国際ウミガメシンポジウム以降、毎年、学生によって発表されている。

学会で学生のサークルがこうした発表をするというのはきわめて珍しい。そもそも、ウミガメの研究や保全に学生がグループとなって取り組んでいるのは日本だけ。しかも、世界では研究の成果が個人に帰さないということはありえないし、あってはならないというのが常識だ。だからこそ僕は意固地になり、学生たちに「国際的な発表はサークル名で行うべし！」といっている。

東京海洋大学のウミガメ研究会は1996年に設立され、僕は当初から関わっている。2006年からは、このウミガメ研究会の呼びかけで鹿児島大学、三重大学、琉球大学などのウミガメ関連のサークルが集まり、毎年、「ウミガメ学生会議」を開催している。ウミガメに関心のある若者がネットワークをつくり、情報交換をして、切磋琢磨している。世界はいずれ、彼らを脅威に感じるはずだ。

99年続いた人工ふ化放流事業

海洋センターのウミガメ事業の多くは財団法人が管理していた時代から継続されたものだが、ＥＬＮＡが中止したものもある。それが人工ふ化放流事業だ。

１８７６（明治9）年に小笠原諸島は日本領土と認められ、ウミガメ漁が産業として推奨されたわけだが、乱獲によりアオウミガメの捕獲頭数が激減した１９１０（明治43）年、明治政府は資源回復のため人工ふ化放流事業をスタートさせた。

漁師が捕獲した親ガメを蓄養池に入れて、ト殺前に最低1回は人工産卵場で産卵させ、ふ化後１か月から7か月間飼育した稚ガメに標識をつけて放流するというもので、これは、世界でもっとも早いウミガメの人工ふ化放流だ。

当時の標識は「欠刻標識」というものだ。甲羅の周りの25枚ある縁甲板の境目をナイフでV字型に切り取る。年ごとに位置を変えれば、リビングタグと同じように年度標識になる。当時としては画期的な方法であった。

僕が小笠原にいた頃、縁甲板の一部が欠損した親ガメを何頭かみたことがあり、サメなどによる食痕だと思い込んでいたが、いま思うと、明治期に放たれた欠刻標識だった可能性は非常に高かったと思う。

この人工ふ化事業は、日本が戦争状態にあった１９３９年から第二次世界大戦後のアメリカ統治時代に中断されたが、小笠原が日本に返還されたあと、１９４８年に水産センターの倉田所長によって再開された。本書冒頭で触れたが、若かった僕もカメのお産婆さんとしてこの事業に関わった。

ＥＬＮＡも小笠原海洋センターの管理を委託されたときから、この事業も引き継いだのだが、２００９年、99年間にわたるこの事業に終止符を打った。この事業自体が、ウミガメを増やす結果につながらないと判断したためだ。

人は慣習や日常的行動にとらわれやすい。とくに長い間行われてきたことに対して、疑問や不安をもちにくい。でも、どんな場合でも行動の意味や成果に対して疑問をもち続けることが大切で、長い歴史があろうとも成果がないことを続けていても意味はない。

小笠原のアオが増えた理由

僕が小笠原にいた１９８０年、父島列島でアオウミガメの産卵巣は82巣しかなかった。それが、２０１６年度には２６４５巣となった。翌年以降は3年連続で１５００巣ほどに落ち込んだが、それでも40年前の20倍以上である。ＥＬＮＡの実力！　といいたいところだが、小笠原のアオウミガメが増えたのは僕らの力ではない。増えたいちばんの要因は、小笠原では卵を食べる習慣がなかったことだ。

小笠原では138年前、1883（明治16）年に国によって卵の採取が禁止された。当時、目端の利いた役人がいたのだろう。世界中でカメの肉を食べても卵を食べないという地域は、いまでも小笠原しかない。これは、誰がなんといおうと世界に誇るべき業績だ。

そして、もうひとつの増加要因は戦争とアメリカ占領時代にある。アメリカ占領下にあった当時、島にいたのはアメリカ軍と島民100人くらいで、年間30頭程度しかウミガメを捕獲していなかったのだ。

戦時中と占領時代の30年間の貯金が、現在の増加につながっていると考えるのが妥当だ。1968年に小笠原諸島は日本に返還され、ウミガメ漁も再開。戦後のウミガメ漁の最盛期、1976年には来遊数の90％前後を捕獲している。

その41年後の2017年に産卵数が減少しはじめた。小笠原のアオウミガメの成熟年数は推定40〜45年。これは偶然の一致だろうか。だが、現在のところこれを証明する手段はまだない。

いずれにせよ、現在の捕獲率とふ化稚ガメの生産量からみると、小笠原のアオウミガメについては急激に減少する心配はないと考えている。

ウミガメコラム③

ちょっと自慢

活用されはじめたPITタグ

ＰＩＴタグ（Passive Internal Transponder tag）というものを、ご存じだろうか？　直訳すると「受動的体内応答標識」。ようは体内に埋め込む標識で、長さ10ミリ、直径2ミリの円筒形で両端は丸く、カプセルのような形をしている。中には電磁コイル、同調コンデンサー、マイクロチップが包埋されていて、マイクロチップには、16進法（0～9とA～F）のコードが一つ入力されている。このタグを注射器のような器具で体内に打ち込む。そして、読み取り器から特有の高周波の電波を出すと、タグのコイルに電気流が流れ、コードが返される。体内に入ったタグは、その向きにもよるけれど、読み取り機との距離が3センチほどならコードを読み取ることができる。

数字を割り当てて個体を識別するという仕組みは外部標識と同じで、機械で読み取るか目でみるかの違い。このＰＩＴタグは、１９８０年代にアメリカで開発され、1990年代に日本に入ってきた。

僕は1990年頃、この標識の存在をアメリカで書かれた魚の論文で知り、ウミガメにも使えるかもしれないと考えた（あとで知ったのだけれど、僕が気づく以前、1988年にすでにアメリカでウミガメに使用されていた）。

小笠原にいた僕は、すぐにサージミヤワキの宮脇豊社長にファクスでその論文を送った。サージミヤワキは電気柵や耳標などを扱っている畜産会社で、獣害問題に取り組んでいる。社長の宮脇さんにはウミガメの標識でずっとお世話になっていて、上京するたびに五反田にある会社へお邪魔しては、いろいろな話をさせてもらっていた。宮脇さんは、なぜか僕のウミガメの話をいつも喜んで聞いてくれるのだ。

このときも、PITタグに興味をもち、すぐに日本に輸入することを決めたのだが……。

ひとつ問題が生じた。この標識は注射器を使用するので、輸入には厚生省の許可が必要だというのだ。宮脇さんは僕にPITタグを動物に使用するうえでの安全性や有効性について、厚生省に提出する書類を書いてくれという。なんの地位も肩書きもない僕に。

結果としては、まったく問題なく、むしろすんなり手続きは進み、サージミヤワキはPITタグを日本で初めて輸入することとなった。その後、ワシントン条約に絡んで絶滅危惧種を飼育している動物園などに対し、このPITタグの使用を義務づける条例ができるなど、日本国内、さまざまな分野で使用されるようになっている。

ウミガメへの利用はどうかというと、1995年くらいまでPITタグは体内で動きまわってしまうため、ウミガメには不向きだと考えられていた。が、まさに同じ時期に、マイクロチップなどを包埋するガラスが、バイオガラスに変えられた。バイオガラスは親水性があり、骨や軟組織と1か月ほどで結合するといわれており、体内でタグが行方不明になるという心配がほぼなくなった。

つい最近、それが実証された。PITタグ装着した屋久島のふ化稚ガメが10年後、太平洋を大回遊して成長し、日本に戻ってきたのである。PITタグや外部電子標識の使用は、ウミガメに対しても将来的な発展が期待できそうである。

僕がPITタグの論文を発見してから30年近くたつが、実際に活用されている成果をみると、こんな僕でも社会に多少の貢献をしたのかなと、ちょっとばかり自信をもつことができる。

ノギスと電気柵とサージミヤワキさん

サージミヤワキを紹介してくれたのは、姫路市立水族館、名古屋港水族館の館長を歴任した内田至さんだ。内田さんは日本で初めてウミガメに標識を使用した人で、長らく日本のウミガメ界の有識者といえば、僕の師匠である倉田洋二さんか内田さんかといわれていた。

ただし、二人のウミガメに対する主張は真逆で、倉田さんは将来のたんぱく源としてウミガメをみていて、海洋牧場構想を抱いていた。一方の内田さんは動物保護の立場から、減少しているウミガメを利用することに強く反対し、解剖や実験でも使用すべきではないという立場だった。

僕と内田さんが出会ったのは1980年頃で、当時の僕はまだ、倉田さんの海洋牧場構想にどっぷりと浸かっていた。でも次第に、ウミガメを増やす具体的な方法はなにかと独自路線を模索するようになり、機会があれば、当時、内田さんが館長をされていた姫路市立水族館を訪れ、雑談に花を咲かせていたのだ。

内田さんは、新神戸駅近くの大沢畜産という会社のウシやブタの耳標をウミガメの標識として転用し、小笠原に紹介してくれた。アメリカなどでは、イギリスのダットン社が家畜の耳標として製造していた「ジャンボタグ」をすでに使用していて、このジャンボタグが日本にも家畜用として輸入されていたのだ。

毎年のように大沢畜産にもあいさつに行っていたが、1980年代の終わりに会社を閉鎖することになり、紹介されたのが東京にあるサージミヤワキだったのだ。

1990年に日本ウミガメ協議会を亀崎さんと立ち上げ、年に一度日本ウミガメ会議を開催しようと決めたとき、協議会の役割として標識の統一と測定方法の統一を掲げたのは宮脇さんとの出会いがきっかけだった。

標識とウミガメの甲長の測定方法を統一するため、標識と測定器具である大型ノギスを全国のウミガメ保護団体に無料で配布した。ノギスについては、宮脇さんと話をして、イギリスから牛の骨盤を計測するものを輸入してもらった。日本で初めてウミガメで使用したこのノギスは、いまでは世界中の海岸でウミガメに使われはじめている。

また宮脇さんには、パプアでの電気柵の設置（このことは5章で詳しく触れる）についても相談にのってもらっていた。ちょうど伊豆で畑にイノシシ除けの電気柵を設置するので一緒にやりましょうと、田中さんと僕に電気柵設置の実習をしてくれたのだ。

電気柵については、宮脇さんと知り合った当初、1980年代終わりに話は聞いていた。日本の田畑で、シカやサル、イノシシから農産物を守るために使用されている電気柵は、宮脇さんがニュージーランドから輸入したキットである。

宮脇さんは、当時問題になっていた小笠原の野ヤギの被害を心配されており、野ヤギの駆除や畑を守るために使用したらどうだと提案してくれ、僕がパンフレットを持参して小笠原村役場の担当者に話をしたこともある。

そのときは、役場はとりたてて対応はしてくれなかったのだが……2000年代中頃だと思うが、小笠原の世界遺産登録にあたって野ヤギの問題が浮上。小笠原村、東京都、環境庁（当時）は野ヤギ駆除を真剣に検討し、なんとサージミヤワキから電気柵を購入。聟島列島や兄島からヤギを駆逐し、いまでは植生回復事業を行っている。まあ、30年前、僕が村役場にもっていった話とは、直結する話ではないだろうけれど。

4章
ジャワ海のタイマイ

なりゆきではじまったタイマイ保全

ＥＬＮＡはジャワ海でタイマイを、西パプアでオサガメの保全活動をしている。現地での活動のカウンターパートとなるのが、ジャカルタにある現地法人インドネシアウミガメ研究財団（ＹＰＬＩ：Yayasn Penyu Laut Indonesia）だ。

タイマイの保全を手がけるつもりなど毛頭なかったけれど、なりゆきでヤヤサン（財団）が設立されてしまい、引くに引けなくなったのだ。

１９９５年から東京都の依頼でインドネシアのタイマイ調査を行ってきたことは何度か書いたが、１９９７年2月、3年目となる調査でのこと。同行していた亀崎さんから、ブリトン島の安ホテルで酒を飲んでいるときにこういわれたのだ。

「菅さん、このまま行政に依頼されて調査を続けても、結局タイマイはいなくなるよ。会社でもつくって、産卵巣を守るべきだよ」

このままでは数年後にインドネシアのタイマイはいなくなる。僕自身、残念だが確信していた。3年間で３００もの島をめぐり、15地域で確認されたボディピットの数は１９７3個。そこから推定した産卵巣は１６５０個。そのうち、自然ふ化したと思われるのはたったの2巣という惨憺たる状況だったから。

亀崎さんの言葉を受け止めながらも、なんとなくその場はそのまま終わったのだが……日本に帰ってしばらくすると、いつもインドネシアでお世話になっている通訳のアキルさんから国際電話があったのだ。

「スガさん、会社をつくりました。ウミガメをやる会社です」

「誰がその会社、やるの？」

「スガさんですよ」

「ええっ……だって、アキルさん、僕と一緒の調査はつらいっていってたじゃん。もう二度と僕とは一緒に調査はやりません、って断言してなかったっけ？」

「だってこの間、亀崎さんがそういってじゃないですか」

「そんなぁ〜」

と、こんなノリで現地法人ができ、ジャワ海の5島（セガマ・ブサール島、プスムット島、モンペラン島、キマル島、プナンブン島）でタイマイの保全活動を順次スタートさせることになったのだ。

タイマイの卵と現地経済

1995年からはじめた調査は続き、10年ほどかけて500か所以上の海岸を回り、5000巣以上の産卵巣を調べていった。その結果、インドネシアのタイマイは1980年代と比較して、80％以上減少したことが明らかになった。その主たる原因はすでに触れたように、ワシントン条約がらみの日本の駆け込み輸入だ（インドネシアだけが減少したわけではなく、世界中のタイマイが絶滅に追い込まれていた）。

それを大前提として、インドネシアのタイマイの絶滅危機にさらなる拍車をかけたのが地元住民による卵の採取だ。

インドネシアでは建前上、ウミガメ類は保護されていて、卵を採ったり、ウミガメを捕まえたりすることはできない。が、実際のところは、地元の人たちによって卵は根こそぎ採られているし、一部の地域では、地方政府が卵を採る権利を入札している。

国が禁止し、地方政府が採取権を入札しているなんて理解できないだろうが、インドネシアには300以上の民族が存在している。州政府はじめ郡政府は独立性を保っているため、国の法律は国全体のもので地方は地方の法律をもつことに多くのインドネシアの人々は矛盾を感じていない。なんとなくだが国の法律は「対外用」、地方政府の条例は「国内用」ということだろう。

インドネシアでウミガメの卵が商業ベースにのったのは、それほど古い話ではない。それには、インドネシアの独立戦争が大きく関わっている。インドネシアはオランダとの長い独立戦争をへて、1949年に国際的に認められ独立国家となった。しかし、インドネシアは多民族国家。独立後も反政府運動が起こり、紛争が絶えなかった。

そのなかでも、「カハール・ムザッカルの反乱」と呼ばれる南スラウェシでのブギス族の反乱は、1952年から1965年まで長く続く凄惨なものだった。ブギス族内部で「インドネシアに隷属するか、インドネシアと分離するか」の意見が分かれるなか、カハール・ムザッカルが民族独立派として蜂起する。ブギス族は、マカッサル族やトラジャ族、ブギスボネ族など5つの民族に分かれていて、この反乱は民族すべてを巻き込む反政府闘争というばかりではなく、同じブギス族内の家族や親戚、友人間でも敵対する血みどろの戦いとなった。

そうしたなか、1950年代後半になって、戦いに嫌気がさしたグループがジャワ海へと進出した。ブギス族はもともと海洋民族で、彼らは一度故郷を捨てると成功するまで故郷に帰って来られないという。日本にも「故郷に錦を飾る」という言葉がある。ふるさとを出ることへの強い決意は、古今東西、変わらないのだろう。

なんとしてでも、新たな地で定住するしかない。そんな彼らがたどり着いた島々は、インドネシアの中でも有数のタイマイやアオウミガメの繁殖地だった。

新天地での不安定な生活で、簡単に手に入るウミガメの卵はどれほどありがたい食料だっただろう。そして、1960年代後半になり生活が落ち着くにつれ、自分たちの食用目的で採っていたタイマイの卵は、市場で売って現金収入を得る手段となった。

経済的価値が上がると、当然のことながらそれを仕切る人間が現れる。地域にボスが誕生し、それが地方政府と結びつき、卵の採取権の入札制度につながっていったのだ。

少し古いデータになるが、2003年のある州の卵の入札金額は1億4000万ルピア。当時の日本円にすると150万円弱だが、インドネシアの公務員の年収の11年分になる。地方行政にとってはこの入札金は重要な収入源だ。

僕がタイマイの生息調査に行ったある島では、親子三代、島から一歩も出たことがないブギス族の一家がいた。卵採りをなりわいにしていて、集めた卵は週に2回ほど、その地域をまとめているボスの船がやって来て、回収していく。報酬は現金ではなく、月1回のコメと古着の支給。市場経済とは無縁の人生だ。島から出ることもできず、隣の島にある町のことも知らない。

彼らの生き方を目の当たりにして、言葉にならない気持ちに襲われた。絶対的なボスのもとで、生まれた土地の限られたコミュニティの中で生涯を終える。それを疑問にも思わないし思う必要すらない。食べていけるだけでもいいのかもしれないが、それも僕の価値観だ。理解を超えた世界であり、僕が容易に入りこめるところではないと感じた。ただ少なくとも、人類みな平等というのはウソだな、と思った。

卵の盗掘人から監視人へ

ウミガメの卵の採取は、地域経済の枠組みに組み込まれている。しかし、タイマイを保全するためにはまず、これをやめさせなければならない。普通なら「卵を採ることは法律で禁止されている！」と規制するのかもしれない。また、「タイマイは絶滅危惧種なんだ！」と教育や啓蒙をするのかもしれない。しかし、インドネシアでは、そんなことをいったところで意味をもたない。彼らには彼らの守るべき暮らしがある。大義や正論らしきものに簡単には納得しない。というか、そうしたやり方は僕の性にあわない。

そこで僕がとった方法は、卵を採っていた地域住民の人を雇い、卵の監視と調査を担ってもらう、というものだ。もし規制や教育、啓蒙で目の前の人の卵採りをやめさせることができたとしても、第二、第三の卵を採る人が現れるだけ。だったら、「卵を採る人」から、強制的に「卵を守る人」に変えたほうが、手っ取り早いと考えたのだ。

監視と調査といっても難しい仕事ではない。毎朝、浜辺を歩いて産卵巣の数を数えるだけ。島に何頭カメが上がって、何か所に卵を生んだのかを記録してもらい、産卵巣の近くに番号札を立てる、それだけだ。

僕は監視人を雇うときに、「卵を守ってほしい」とは決していわない。「毎月、一定の給料を払う。卵採りとどちらがいい?」と、卵を採っている人に選択させるようにしている。ウミガメには産卵期があるので、卵がたくさん採れる月もあれば、まったく採れない月もある。また、いつも現金に換えられるわけではなく、コメや洋服などと物々交換になるときもある。しかし、監視員になれば毎月、現金収入が入る。彼らだって、安定した生活を望んでいる。どちらを選ぶかは明白だ。

ウミガメを増やすには持続的な活動が大切で、そのためには地元の人が担い手となるのがいちばんいい。基本的に僕らはサポートの立場であるべき。そんな考えもある。

ナタで追いかけられて

多くの場合、すぐに話はつくが、ときどき考えもしないことが起こる。プスムット島という島でのことだ。この島には灯台職員だけが住んでいて、彼らが小遣い稼ぎのために卵を採っていた。灯台宿舎の前には「ウミガメを守ろう。卵を採るのは法律で禁止されています」といったバカでかい看板が立っていた。悪い冗談のようだが、インドネシアはいつもそうだ。法があろうとなかろうと、自分の考えや立場、自分の利益が優先される。

そこで例によって、灯台職員に「卵を採るのをやめて、産卵巣のところに番号札をつけてくれたら、お金を払う」という依頼をしていたのだが……それを聞きつけた漁師が、真っ赤な顔をして、ナタを振りかざしながら僕を追いかけてきたのだ。

「卵を採るな、とかほざいているのは、お前か～！」

「俺の商売の邪魔をするのか！」

激怒する漁師から逃げ回りながら、「ちょ、ちょっと待って」「なんで怒っているんだ？」と必死でなだめ、なんとか落ち着かせることができた(危なかった)。

聞けば、その漁師は毎週、船で灯台に食料を運んでいて、灯台職員が採った卵を安く買い、市場で自分の手数料を上乗せして売っていたとのこと。プスムット島の卵は灯台職員だけでなく、漁師へも現金収入をもたらしていたのだ。

灯台職員は僕らの依頼を受けて、卵の採取をやめても小遣いが入ってくる。しかし、卵の仲買をやっていた漁師には一銭も入らなくなる。彼にしてみたら、いきなりやってきた日本人によって大切な副業が奪われたわけで、烈火の如く怒るのも当然といえば、当然だった。

即断即決。面倒だからシステムごと買い取っちゃえ！　ということになり、漁師も雇うことにした。月給を払って卵の代わりに灯台職員が集めた産卵データを町まで持って帰り、毎週ジャカルタにファックスで送ってもらうことにしたのだ。

欧米の研究者や保護団体にしてみたら、自腹を切って地元の人にお金を払うなんてあり得ないことだろう。まして、卵の盗掘者に！　僕らにしても、この方法は一方通行でお金が出ていくばかり。僕は必死になって資金集めをしなくてはならない。決してベストな方法だとは思っていない。

しかし、卵だけでなく、卵を採る人の生活も一緒に守ることを考えると、もっとも合理的かつ手っ取り早い。それだけじゃない、最大のメリットは卵の盗掘者は卵探しが抜群にうまいのだ。

地道な海岸の掃除

セガマ島では、巨大な流木が海岸のあちこちに打ち上げられている。直径が1メートルを超すような大木が半分以上も砂に埋まっていることがあれば、島で成長した巨木が海岸に倒れていることもある。

流木や倒木があるとタイマイはそれ以上先に進めなくなり、海に戻るか、流木の前で産卵してしまう。また木に邪魔されて、流木の手前の海岸線に近い場所に産卵してしまうと、卵は満潮時に水没したり、高波をかぶったりして窒息死してしまうこともある。木で荒れていると、産卵できる海岸の消失と卵の死亡という悪影響がダブルで生じてしまうのだ。

そのため、僕たちは海岸の清掃も行っている。しかし、内地で行われているゴミ拾いのようなものではない。相手は5メートル超の大木の山。島に重機などないから、流木を手で掘り出し、チェーンソウで転がせる大きさまで小さくし、のこぎりを使って産卵の妨害になっている枝を払う。流木を片付けたら、草付きの中の枯れ葉や折れた小枝も取り除いていく。ここまできれいにすると、タイマイは草付きの中まで行くようになり、全体のふ化率が飛躍的に上昇するのだ。

またモンペラン島ではタコノキ対策を行った。モンペラン島は周囲800メートル、幅はいちばんあるところでも30メートルほどしかない東西に細長い島だ。この島に住むのはアルカンさん一家だけで、この一家に産卵巣の監視をしてもらっている。

島には常に北東の風が吹いていて、北面の海岸は浸食され、アルカンさん一家も住まいを少しずつ移動させて暮らしている。

この島には島の真ん中に1本の大木があるだけで、あとはタコノキがうんざりするほど繁茂している。タコノキは、地上茎から出た根が何本も枝分かれしていて、幹の下のほうが文字どおりタコの足のようになっている。葉は細長く、たとえるなら、アロエの葉を薄っぺらにして長さ80センチほどにした感じ。しかし、葉の両側にある棘はアロエどころではなく細かく密生していて、ふ化率調査のときなど、この葉が手や足に刺さり、擦り傷が絶えない。

もともと、インドネシアの島にはタコノキは数えるほどしか自生していなかった。しかし、人が入植して、燃料にする薪を調達するため木が切られていった。一方、薪に使えないタコノキは放置され、勢いを増して育ち、タコノキだらけになっていたのだ。

モンペラン諸島は僕らが産卵巣の管理をする前、密漁者が交代で島に入っては卵を採っていた。その際、他の木を伐採していたため、結果、タコノキだらけの島になってしまったのだ。

もともと、モンペラン島の内陸部は産卵に適した下草が多く生えていた。そこにタコノキが入り込み、下草はほとんどなくなり、タコノキの島になってしまった。そのため、産卵のための穴掘りが難しくなる。

タコノキは根元が海水に没しても死なない。下草があると根が広く広がっていくので海岸の浸食は少なくてすむが、タコノキの根は横に這わないので、波がかぶると根元まで浸食される。さらに波がかぶるとタコノキは倒れるが全体が海に没するまで死なないのだ。そのため、風上側の海岸には浜崖ができウミガメは上陸できなくなる。風下側には緩やかな海岸が形成され、島は徐々に風下側に向かって移動するのだ。

2006年の段階で、北側の海岸はタコノキの根の影響により1メートルほどの崖になってしまい、もはやウミガメの産卵海岸と呼べる状況ではなくなっていた。

タコノキの枯れ葉を取り除くだけでなく、島本来の植生に戻していくことも考えていかなくてはならないかもしれない。海岸に草が生えれば浜崖はなくなるし、タコノキの葉の堆積がなくなれば、タイマイやアオウミガメはもう少し奥に産卵できるようになる。波をかぶる卵は減り、ふ化率が向上する。さらに植生が回復すれば、理想的なタイマイの繁殖地となるはずだ。

ネズミを絶滅させろ

モンペラン島やプスムット島では、2012年頃からふ化率が徐々に下がりはじめた。産卵巣をみると、掘られた穴があり巣の周りに殻が散らばっている。掘り出された殻をよくみると釘で裂いたような縦長の三角形の傷がある。小動物がツメや歯でひっかいた跡だ。夕方、灯台のある広場をネズミが走り回っている。犯人はネズミだった。

被害は増え続け、2013年にはネズミによる食害率が30％を超えた。産卵巣にネズミが入ると、卵は根こそぎ食べられてしまう。灯台の官舎はネズミのふんだらけで、異様なくささだ。僕が日本から持参した酒のつまみも齧られている。ネズミにむかついた僕は、ネズミ駆除を宣言した。勘違いしてもらっては困る。これは、もちろん齧られた「おつまみ」に対してではなく、産卵巣被害に対してだ。100％ではないけど……。

インドネシアでは、日本で禁止されている強力な殺鼠剤がどこにでも売っている。幸い、プスムット島では灯台職員が3人、モンペラン島はカメの監視員家族が住んでいるだけだ。2014年から翌年にかけて、殺鼠剤をまいたところ、ネズミの食害がみられる産卵巣はゼロになった。おそらく、これはウミガメ保全では初めての試みだ。他の野生動物保護でも、島からネズミを根絶させた例は数えるほどしかない。これによって、プスムット島だけでも2万頭以上のふ化稚ガメを増やすことができた。

キマル島のムサさん

お願いした監視員の中で、もっとも印象に残っている一人がキマル島のムサさんだ。島の所有者であるムサさんは、10キロほど離れた別の島に奥さんと子どもを残し、たった一人でこの島に暮らしていた。

ムサさんは幼少期からずっと卵採りをしてきたという。字が書けず、数字も読めない。日付や自分の年齢もわからない。ただ、イスラム教徒の彼は金曜日だけはわかる。その金曜日になると毎週、1週間かけて集めた卵を持って家族のもとに帰る。そんな生活をずっと送っていた。

キマル島のタイマイ産卵巣の保護をはじめたのは1999年2月。記録のできないムサさんには番号札を渡し、タイマイが産卵したら近くにこの番号札をつけるよう依頼した。

4か月後に再び島を訪れると、海岸には青い番号札が所狭しと結ばれていた。しかも、ムサさんは産卵巣一つひとつの場所を正確に覚えていた。ときには産卵巣から2メートルくらい離れている場合に番号札がつけられていることもあるのだが、ムサさんが「ここにある」という場所を掘ると、ふ化殻が出てくる。驚いたことに、4か月の間にふ化した157巣すべてについて、その場所を記憶していたのだ。

しかも、自分では読めない番号札をみながら「そこはまだふ化していない」といったりもする。試しにその場所を掘ってみると、本当にすべてがふ化前なのだ。

初年度のふ化率は63・2％あり、自然ふ化としては好成績だった。一生懸命に僕たちに「ここを掘れ」と指示を出しながら（その指示が的確）、どうしてふ化しない卵があるのか、全部ふ化させることはできないのかといろいろ質問をしてくる。そんなムサさんの顔にはいつも温かな笑顔が浮かんでいた。

僕たちが帰ったあと、キマル島はマラッカ海峡で跋扈していた海賊に占拠されてしまったのだが、それでもムサさんは海賊と一緒に島に住みながら活動を続けてくれた。

しかし、ムサさんの保護活動は突然、終わりを告げる。足と腰の激痛に耐えられなくなり、歩くこともできなくなってしまったのだ。治すためには手術が必要だけれど、そんなお金はないから手術は受けたくないといっているという。その後、奥さんから、どうしても手術を受けなければ取り返しがつかなくなる状態だという連絡をもらったのだが、次に届いたのは訃報だった。ムサさんの骨はボロボロになっていたという。

ムサさんの死後、マラッカ海峡の海賊騒動はさらに盛んになり、インドネシア海軍との間で死傷者を出すほどの戦闘もあった。当然、タイマイの保護プロジェクトは中断。海賊が去ったことが確認し、島でのプロジェクトが再開したのは、ムサさんが亡くなった8年後の2007年3月だった。

ムサさんはいなくなってしまったが、今度は彼の奥さんと契約し、島ごと借り上げて監視小屋や井戸などの生活インフラを整備。スタッフを配置し、監視と産卵数のモニタリングをはじめた。2017年には前年比150％を超える脱出頭数を記録することができた。

インドネシアという国

郷に入れば、郷に従え。文化や習慣の違いを大前提として、インドネシアの人たちとつきあっているが、それでも思ってもみなかったことが起こる。なんというか、個人の考え方やものの見方がまったく違っているのだ。僕自身、自分が典型的な日本人じゃないと自覚しているが、そんな僕でも理解できないことが噴出する。

監視人の多くは誠実に仕事をしてくれるが、一日も海岸を歩かず、給料だけをとっていく監視員はいまだに存在する。「働いたから、報酬をもらう」というのではなく、「毎月いくらと決まっているのだから、もらうのは当然」という考えなのだ。

僕らのボートを村の人が勝手に使って、そのガソリン代を当たり前のように請求してきたこともあったし、産卵巣につけてある番号が日付順に西から東へときれいに並んでいるなんてこともあった。ありない。カメは西から順番に産卵するのか！　でも、産卵数はあっている。もちろん、産卵日は違うのだが。

プスムット島では灯台職員に監視員をやってもらい、月の基本給を決めて1巣あたりいくらで上乗せをして月給を支払っていた。しかし、監視員は一部の卵を掘り出して売っぱらったり、一つの巣の卵を二つに分けて余分に請求していたこともあった。平均産卵数が少ないことで気づいたのだが、それがわかるのに2年ほどかかった。灯台の職員は、れっきとした国家公務員なのに。まるで、タヌキの化かし合いだ。

そういえば、こんなこともあった。インドネシアで、これまで5隻ほどの船を購入しているのだが、最初の1隻は預けた監視員が「子どもが病気になった」と勝手に売却してしまった。2隻目はインドネシアのスタッフを乗せて行方不明になった。それなのにニュースにもならなければ、同僚のスタッフはまったく心配しない。3日間漂流したあと、なぜか無事に帰ってきたが、その後は使われずに廃船することになってしまった。

3隻目は、水漏れがひどく、エンジンもサビサビ。なのに、水漏れ部分だけを補修するという。なぜかと聞くと、「エンジンはまだ動くからもったいない」という。水漏れを修繕しても、せいぜいもって数か月。また直すなら、根本的に直すか新規に購入したほうがいいと思うのだけれど、それが通用しない。使えるものは骨までしゃぶる。贅沢をしない清廉な人々……というわけでは決してないのだが。

さらに4隻目はエンジントラブル続きで、5隻目はスタッフ一同「最高の船だ！」と絶賛するので購入したのだが、ふたを開けたら驚くほどのポンコツ船。乗ってみると、身体を少し動かすだけで左右に大きく揺れ、船体の脇からザボザボ、板の継ぎ目からドクドクと浸水。しょっちゅう水をかき出さなくては沈没してしまう。そんな船で、片道12時間の移動はかつてないほどスリルに満ちたものだった。

段取りどおりにいかないのは当たり前。2万円で交渉が成立したのに、いざ、支払う段になると「5万円」といったりする。話が違うといえば、「家族がたくさんいる」「孫の結婚式が」と理由が次から次へとついてくる。話はコロコロ変わるし、理屈に合わないことだらけ。最初は、「ここはインドネシア……考えてはいけない」と思っていたけど、いまではどんなトラブルにも笑えるようになった。

日本から連れていった人は、インドネシアの〝流儀〟に面食らい、必ず常識的な疑問、正論を僕にぶつけてくる。しかし、僕の返事はいつも一緒だ。

「君のいっていることは、まったく正しい。だけど、ここはインドネシアだから」どんな理不尽なことをいわれても、こちらが納得するしかない。スムーズで無駄なく、スマートな調査や保全活動など、インドネシアでできるわけがないのだ。

予定どおりに物事が進まないのは、人がやっていることなのだから当たり前。人は完璧ではない。日本だったらそこをうまく取り繕うのだろうけれど、インドネシアの人は生の姿でぶつかってくる。この感覚はむしろ僕には合っているように思う。

人生で初めてインドネシアを訪れたのは、27歳。すでに話した「タイマイの養殖可能性調査」という名目のお大尽旅行に同行したときだ。ジャカルタの空港に降り立った瞬間、なぜか「この国なら住める」と思ったのだけれど、その感覚は間違っていなかったみたいだ。

海外で活動するということ

なにかの本で読んだのだけれど、味の素は海外赴任する社員に対し、現地に数年居住し、現地のものを食べ、現地の言葉を話すように指導しているという。味の素が世界各国でその国の食文化、宗教に合わせた商品を販売し受け入れられているのは、そうした現場の社員に培われた「真の現地視点」にあるのだそうだ。

じつは、ＥＬＮＡもずっと同じような考え方でここまできた。戦略というほど仰々しく考えているわけではないけれど、僕はＥＬＮＡの職員やカメ研の学生を海外に連れて行くとき、必ず二つの条件を出している。

ひとつは、最低限、現地の言葉を覚えていくということ。別にインドネシア語をマスターしなくてはいけないというのではない。

セゥラマット シアン（Selamat siang）＝こんにちは

アパ カバール？（Apa kabar?）＝お元気ですか？

サンパイ ジュンパ ラギ（Sampai jumpa lagi）＝さようなら

テレマカシ（Terima kasih）＝ありがとう

そんな、基本的なあいさつができ、数字がわかれば買い物ができる。それで大丈夫。あとは、「ミンタ ボン（Minta bon）」＝「領収書をください」がいえれば十分だ。ところが、これが難しい。日本人はボンの発音ができない。「ン」の発音が、口を閉じるので「ム」になり、「爆弾ください」になって、みんなが大笑いする。

僕自身はというと、インドネシアに通うようになって数年は通訳のアキルさんに頼っていた。「菅さんは外国人だから、買い物するとふっかけられるので、その辺に隠れてください」といわれていた。調査に関する指示も僕がアキルさんに伝えていた。でも、アキルさんがどのような交渉をしているかわからない。調査自体はほぼ、僕の意向に沿ったものだったけれど、海岸に入れなかったり、無駄に時間を費やすだけのときもあった。

また、インドネシアは細かく分けると数百にもなる多民族国家だ。インドネシアの9割はイスラム教徒だが、パプアはキリスト教信者が多い。場所によって考え方は違うし、宗教によって価値観が異なる。当然、それによって接し方も変わる。イスラム教徒のアキルさんとキリスト教徒であるパプアの人と噛み合わないことがあった。なにより、ジャカルタのスタッフに、僕がＥＬＮＡとしてやろうとしているウミガメ保全とはなにか、それを僕の言葉で伝える必要があった。

２０００年頃だろうか、「これじゃ、いけない」と思い、「アキルさん、いまから僕には通訳はいらないです。インドネシア語を使ってください」と宣言した。それ以来、僕ができる限り直接交渉し、アキルさんは裏方に回ってくれた。

最初の頃はたどたどしかったけれど、直接話をすることで、僕がなにをやろうとしているのか、想いは伝わりやすくなった。どこまで理解してもらえているのか、相手はなにを思っているのか、そういった気持ちの襞がみえてくる。同じ言葉で直接コミュニケーションをとることで、殻をつくらなくてすむ。僕がインドネシア語で会話ができるようになる頃には、現在あるプロジェクトはかたちづくられていた。

最近では政府が主催するウミガメ会議で発表したり、他の団体とやりあったりもしている。驚いたことにインドネシアでは、発表内容にユーモアを取り入れたり、発表中に笑みを浮かべてたりしてはいけないという。アメリカとは大違いだ。

「菅沼、バカルディ、持ってきたか？」

もうひとつの条件は、現地のものを食べるということだ。「同じ釜の飯を食べる」なんていうけれど、このことわざは間違っていないと思う。僕は可能な限り、島や村の監視員たちと一緒に食事をしている。

当初、インドネシアの調査では、海岸にテントを張って、食料を買い出し、自炊をしていた。慣れてくると、島の人の家に泊まったり、漁師の家で食事をいただいたりした。どの家でもご飯だけは大量にある。インドネシアの地方の村や町では、いまだにコメは配給されているのだ。おかずは山や海から自分たちで調達してくる。お金を出して食材を買ってくることはまずない。

おかずに即席ラーメンが出ると、アキルさんは「この漁師はわりと豊かな生活です」という。普通は、直径6センチ、厚さ1センチほどのサバの輪切りの素揚げが1個つくらいだ。

そういえば、漁船の甲板で一夜を明かしたときは、ウミガメの生卵を1個渡されたことがある。卵ぶっかけご飯というわけだが、いったい、あの卵はどこから出てきたのだろう。

アキルさんは、僕ら日本人を村の人の家に泊めることに抵抗があったと思う。テント生活では、即席ラーメンなども箱買いで、ふんだんに食材を仕入れるので、僕らの食事はインドネシアの人々にとっては異常なほどぜいたくなものとなる。

ところが村人の家に泊まるということは、勝手に食事をつくるわけにはいかない。アキルさんは僕たちの食生活が格段に粗末になることを心配したのだろう。

また、その家の人たちも「外国人を泊めて金をせしめている」と周りの人たちから嫌がらせを受ける。僕らに声をかけてくれるのは、村の中でも貧しい人たちしかいないからだ。イスラム教の五大原則に「施す」という行為がある。ジャカルタの街中でも小銭を施す人たちをよくみかける。お金のない人は行為で施しを行う。僕らを家に誘ってくれる人たちは、そういう人たちだ。

しかし、パプアに何度か通い、村の人も僕らに慣れてくると、即席ラーメンの箱を勝手に開け、袋から直接バリバリとむさぼり食ってしまうようになる。なかにはお土産として持って行ってしまう人もいる。仕入れた食材を全部食べられたら、僕は餓死するしかない。だから、最初の数人が食べはじめたときにラーメンの箱の前に立ち、「はい、終わり!」と告げる。これでほとんどかたがつく。自分たちよりも立場が上だという人からの言葉には、絶対的に服従することが彼らの習慣になっているのだ。

一方、彼らのボスは黙って手を出してくる。僕も黙ってラーメンを3袋くらい渡す。これが、来訪と歓迎の儀式だ。

ここ数年は、パプアに滞在している間は村の女性に日当を払って食事の支度をしてもらい、監視員やその家族、村人たちと一緒に食卓を囲み、酒を酌み交わす。酒は僕が日本から持参したラム酒だ。顔馴染みの監視員は会うなり、「菅沼、バカルディ、持ってきたか?」というほど楽しみにしている。日本から持っていったお菓子をつまみに(彼らはサラミと歌舞伎揚が大好きだ)酒を酌み交わし、たくさんの話をする。

タイマイの保全をしているジャワ海はイスラム教徒のため酒を飲むことはないけれど、監視員の家に泊めてもらい、やはり一緒に食卓を囲む(家父長制が強いため、監視員の妻や娘さんが食事に同席することはない。個人的には残念だけれど、それが彼らの伝統だ)。

言葉と食を合わせることで、同じ目線に立つことができる。同じ目線で考えなければ、ウミガメの保全だって絶対にかたちにならないと思っている。

地元の人と一緒にやる理由

そういえば、アメリカの海洋漁業局（日本でいうところの水産庁）のパプア担当者にこういわれたことがある。

「菅沼はなぜ、現地の人とあんなに仲良くなれるのだ？」

現地の人と一緒に肩を組みながら酒を飲んでいる僕が信じられないのだろう。「仲良くする必要なんてないのに、なんでそこまでするの？」という皮肉が込められていたのかもしれない。でも、僕にいわせれば、そんなんだからアジアで仕事ができないのだ。

実際に僕は、アメリカ海洋漁業局のトップで、ウミガメのDNA研究の第一人者に向かって「君らは絶対にアジアで仕事ができない」と言い放ったことがある。しかも、その話がそのまま著名なノンフィクション作家に伝わり、『Voyage of the Turtle』という本に載ってしまった。そこには「あるバカな日本人がアメリカ人はアジアで仕事ができないといっている」と書いてあった。

僕の悪名が広がるばかりだけれど、間違ったことはいっていない。彼らは現地にズカズカと入ってきては、命令口調であれやれ、これやれというだけ。名目がないお金はいっさい出さないし、自腹を切ることなど絶対にない。金を払えばいいという話ではなく、「地元の人と一緒にやる」という発想がいっさいない。そんな様子をみていると悲しくなるし、むなしさすら覚える。

根底にはアジア人に対する差別意識があるのだと思う。2018年に日本で開催された国際ウミガメシンポジウムの会場で、日本の学生に「こいつらバカだ。英語もしゃべれない」と平気でいっているアメリカの大学生がいた。

まぁ、ジャカルタで商社の日本人駐在員が使用人に対し「バカ!」と怒鳴っている姿を何度も見ているので、アメリカ人は、日本人は、という話ではないのだろう。おそらく、こういう人は「常に自分が正しい」「自分は上だ」という観点でしかものをみられないのだ。視点をズラせば、みえる世界は広がるのに。

そういう僕自身ができた人間かというと、そんなことは決してない。ただ、いばれるような背景がなかっただけの話だ。1995年にインドネシアでのタイマイの調査をはじめたとき、僕はただの財団職員だったし、若い人を一人助手(その多くは学生だった)として連れているだけなので現地で手を貸してもらわなければなにもできなかった。

海図をみて、目星をつけた海岸に行くと、現地の人が興味津々、近づいて来ては、「なにをやっているんだ」と訊ねてくる。

「カメのことを調べているんだ」

「カメを調べて金になるのか？　卵か？　親ガメか？　どっちを買う？」

「いやいや、産卵の数を数えているんだ」

「数を数えて金になるのか？」

だいたい、そんなやりとりからはじまるのだが、話をすれば、僕よりも彼らのほうがウミガメのことや砂浜のことをよく知っている。彼らの力を借りない手はない。その考え方は26年たったいまも変わっていない。

ジャワ海5島だけは守り抜く

インドネシアに通い出して26年。タイマイ保全プロジェクトをスタートさせて23年もたってしまった。僕たちがプロジェクトを進めているジャワ海の5島では、活動当初、産卵巣数は各島100〜200巣ほどしかなかったが、2017年には2000巣を超えるまでになり、いまでは、これらの5島で年間20万頭以上の稚ガメが自然ふ化している。

産卵に来るメスガメの数も391頭から1434頭へと増えた。産卵メスガメの増加は、活動によって生まれた稚ガメが帰ってきてくれているのではないかと推測している。

おもしろいことに、保全活動をはじめて8年目からすべての島で産卵メスガメが増加しはじめた。つまり、タイマイは8年で成熟する可能性が高いとも考えられる。その話をオーストラリアのウミガメ界の大御所にしたところ、「そんなに早いわけがない」と、即却下されてしまったのだけれど（オーストラリアではタイマイの保全に失敗しているから、それも仕方がないのかもしれない）。

タイマイの繁殖地は、世界に数千か所ある。インドネシアだけでも1000か所以上の繁殖地があるはずだ。しかし不思議なことに、タイマイが増えているのは、プエルトリコのモナ島、インド洋のモーリシャス島、セイシェル島など、世界に9か所しかない。9か所はすべて自然ふ化で、そのうちの4か所がジャワ海の僕らが保全している島々だ（保全している島は5島だが、プスムット島とモンペラン島は2キロも離れておらず、産卵メスガメが行き来しているため一つの繁殖群としてカウントしている）。

いずれの島でも元盗掘者の監視員が毎朝海岸を回り、産卵巣があればその近くに番号札をつけている。つまり、卵に触れないで自然ふ化している。

ただ、インドネシアのジャワ海で卵が増加傾向に転じたのは、僕らが関わっている5島だけ。ＥＬＮＡでは10年ごとに活動地域外の産卵地調査を行っていて、２０１７年には僕の代わりにタイマイ担当である横浜職員の井ノ口栄美さんが6地域を訪問し、産卵跡の数や卵の盗掘状態を調べている。結果はというと、過去と比較して産卵数に大きな増減はみられなかったが、やはり卵は根こそぎ掘り出されていた。ELNAの活動地域以外では、稚ガメはほとんど生まれていない状況だ。

いまでもやっぱり何千もの産卵巣から卵が掘り出されている。それを阻止する力も資金力もない。僕らには5島の数百の産卵巣を守ることだけしかできない。

僕の推計では、ジャワ海域全体のタイマイの産卵巣は5000から6000巣。その半分をずっと守ることができれば、インドネシアのタイマイの絶滅は避けられる。せめて5島を守り、産卵巣を確保していきたいと考えている。

でも一方で、本来的には僕らの仕事ではないということも忘れていない。タイマイを減少させた日本政府やインドネシア政府にその責任があるはずだ。かつて日本政府は、タイマイ養殖の可能性を探る調査で年間に何千万円もの予算をつけていた。世界中のタイマイを絶滅寸前に追い込んだのに、いまはまったく無関心だ。インドネシア政府だって当時は、日本に対してべっ甲材の世界最大の輸出国だったのだ。日本もインドネシアも立派なウミガメ保護の法律がある。国が本気でウミガメを守るというのなら、僕らがやってきた仕事を引き継ぐべきだろう。いいとこ取りは、得意じゃないか。

ウミガメコラム④

アキル・ユスフさんのこと

アキルさんがいなければ

アキル・ユスフさんと初めて出会ったのは、僕がまだ東京都海洋環境保全協会の職員だった頃。1995年、東京都から依頼されたタイマイ調査でインドネシアを訪れたときだ。日本からジャカルタへの直行便はなく、シンガポール経由でジャカルタに入り、空港に迎えに来てくれていたのが通訳のアキルさんだった。

アキルさんは、日本でいう科学技術庁のような役所の職員で、日本に8年間留学していた経験がある。留学から戻ったら一定期間、国家公務員として働くことを条件に、留学費用は国が負担してくれたのだという。もちろん、日本語は堪能。このときの僕の仕事は国家間の事業だったため、通訳として派遣されたのだった。

初年度はスリブー諸島の産卵状況調査。翌年は7月にまるまる1か月をかけて、スリブー諸島、セガマ諸島、ブリトン島と周囲の島、スラウェシ島の西沖の島々を回った。

インドネシアでは泳ぐ習慣がなく、アキルさんは完全なカナヅチだった。島に渡るときはいつも、浮袋を抱えたアキルさんを僕が引っ張って上陸する。しかも、船に弱いとあって、僕との仕事は相当つらかったらしく、「もう二度と菅さんとは仕事しません!!」と、いわれてしまった。

1997年2月には亀崎直樹さんと8日間かけて、ブリトン島西側の調査を行った。このときの会話を聞いてアキルさんがインドネシアに会社をつくってしまった経緯はすでにお話しした通りだ。

1997年12月からセガマ諸島で島を借り切り、タイマイ保全プロジェクトが開始した。その後、タイマイの保全地は5島にまで拡大。2000年4月からは、パプアのジャムルスバメディ地区(現ジェン・イェッサ地区)で、近隣の村から監視員を雇用し、オサガメ保全プロジェクトもスタートした。

東京都から委託されていたタイマイ調査は2001年に終わってしまったが、なりゆきではじまったとはいえ乗りかかった船。タイマイ保全事業を続けていくための妙手が、ELNAの創設だった。アキルさんとの出会いがなければタイマイなんぞ手がけておらず、引いては、いまのELNAだって存在していない。

アキルさんがインドネシアのジャカルタに設立した団体の名称は、「Yayasan

Penyu Laut Indoneisa（ヤヤサン・ペニュー・ラウト・インドネシア）」だが、じつは当初は別の名前だった。同名の他団体があったため、インドネシアの法改正でこの名になった。もともとの名前は、「Yayasan Alam Lestari（ヤヤサン・アラム・ルスタリ）」。「永遠なる自然財団」という意味で、英語では「Everlasting Nature of Asia」――ＥＬＮＡになる。

突然のお別れ

ＥＬＮＡ設立の組織化はすべて、田中真一さんがやってくれた。僕は現場要員だ。海図をみて、アキルさんに「ここに行きたい」という。すると、アキルさんは近くの町を探し、飛行機の手配をする。町に入ったら漁港へ行って、島へ渡る船を調達する。漁師にチャーターを頼むのだが、彼らも初めてのこと。お互い、腹のうちを探る。場合によっては10日とか2週間のチャーターになるため、なかなか料金が決まらない。

この交渉は1日で終わらないこともあった。インドネシア語がまったくわからない僕は、交渉するアキルさんのそばでボーッと突っ立っているだけ。交渉が成立したら安心、とはならず、途中で追加料金を請求されたり、漁師がちょっとした波でビビッて引き返したり、僕らを残して船が消えてしまったりしたこともあった。

いちばんひどかったのは、1996年にスラウェシ島のウジュンパンダン（現マカッサル）から貨物船に乗って、スラウェシ島の西方260キロほどにあるマサリマ諸島に行ったときだ。この諸島には5つの島がある。諸島の中心の島であるパマンタウアン島を拠点に調査を行った。

村長はじめ村の人々はみんな、親切だった。しかし、周りの島の調査も終わり、戻るために村長に漁船をチャーターしたいといったところ、「この島には漁船はない」と一言。本当は2隻あったのだが、村長が村人たちに「あいつらは金を持っているから島から出すな」という指令が発せられたとアキルさんから聞いた。

島に軟禁されたのである。3日ほどして、僕らはようやく島に二人しかいない漁師を探し出した。そのうちの一人と交渉し、僕らはそっとテントをたたみ夜中の10時頃、音をたてないように船を沖まで出し、ようやく島から脱出した。船は小さくプロペラも2枚しかない。来るときは12時間ほどかかったが、帰りは1日以上、マカッサルに入港できたのは夜中だった。いったいなんだったんだ？　当時はわけもわからず困惑したが、インドネシア流のかなりきつい冗談だったのかもしれないと、いまは思う。きっとアキルさんはそれがわかっていたのだろう。「島から出すな」という村長の発言は本当だろうが、実際にお金をせびられたわけではない。漁師が夜中に船を出したのは、村長に遠慮するところがあったのだろう。

思い返すと、もっともひどい冗談だったのは、軟禁されて困惑する僕らに、「ヘリでも呼びますか?」といったアキルさんの一言だ。

毎年、年に数度、インドネシアを訪れては、アキルさんと島々を回る。ウミガメの保全に支障をきたすような問題も多々あったが、おおむねプロジェクトはよい方向に進んでいた。

2009年のことだ。6月4日の夜、調査に参加する東京海洋大学ウミガメ研究会の橋本瑛さんとジャカルタの空港に降り立った。翌日の午前中にヤヤサン(財団)の事務所に行くと、事務員のエマさんが「アキルさんが交通事故にあって入院している」という。午後、エマさんに案内してもらい、アキルさんが入院している病院にお見舞いに行った。

聞けば、バイクで右折していたところ、正面から来たバイクがアキルさんのバイクの後ろに接触し、転倒したとのこと。右足にひびが入ってギプスを巻いてベッドに横たわっていた。おなかの調子がへんなので、午後にレントゲンを撮るとのことであった。

アキルさんは元気で、今回の調査についての打ち合わせもした。

翌6日も午前中に病院に行くと、病室には奥さんとエマさんがいた。昨日のレントゲンで腸が破裂していることがわかり、すぐに手術をして腸を取り除いたそうだ。アキルさんは鼻からチューブを入れていたが、意識はわりとはっきりしていた。

いろいろ話をした。時折、苦しそうな表情をみせていたが、僕の話にうなずいてくれた。お昼近くになってアキルさんが疲れたようなので、一度ホテルに戻ると伝えタクシーに乗った。

そして、5分もしないうちにエマさんから電話。

「アキルさんが亡くなりました」

急いで病院に引き返すと、アキルさんは別の部屋でベッドに寝かされていた。

僕はなにもいえず、ただアキルさんの顔を撫で、ずっと手を握り頭の中で語りかけた。

2002年6月、ジャワ海にあるブリトン島にて
アキルさん（中央）と買い出しに出かけたときの一枚

「ヤヤサンは僕が守るよ、アキルさん」

アキルさんの奥さんは、橋本さんが調査用のカメラを持っているのをみて、アキルさんの写真を撮ってくれという。インドネシアでは、亡くなった人の写真を何枚も撮るのだそうだ。職員のワヒドさんも駆けつけてきた。

僕がアキルさんが安置されている部屋を出て、病院の外のベンチに腰かけていると、奥さんがプラスチック袋に入った20センチほどに切り取られた腸をみせてくれた。

翌7日、イスラム式の葬儀がアキルさんの家で行われ、墓地まで付き添った。イスラム教徒の葬儀は土葬だ。埋葬が終わると、人々は三々五々、帰っていく。人の死が、一陣の風のごとく去っていった。

翌8日、ヤヤサンで調査の準備をして、夜、ジャカルタ空港に向かった。9日早朝にはパプアのマノクワリに到着。僕はそのまま海岸に向かい、調査をはじめた。

5章
パプアのオサガメ

オサガメ繁殖地、太平洋最後の砦で

1995年、タイマイの〝豪華〟養殖可能性調査でマレーシアを訪れた際、オサガメ産卵地として有名なトレンガヌ州のランタウ・アバンの海岸を視察した。当時、ランタウ・アバンのオサガメの産卵がいちばん多い2マイルの海岸では、州政府が人を雇って産卵した卵を集め、保護海岸の真ん中にあるふ化場に移植していた。そして、他の海岸は1マイルごとに入札にかけられ、卵を採集する人が1個30円ほどでふ化場に売る、という制度になっていた。が、ふ化場に売るよりも市場に売ったほうが1個5円ほど高く売れるので、誰もふ化場には売らない。

いまでは声高に移植反対を叫ぶ僕だが、当時は小笠原でも人工ふ化事業をやっていたので、こうした保護事業に疑問を抱くことはなかった。が、驚いたのは、ふ化場の柵の後ろに沿って屋台が何軒も並び、すべての屋台で茹でたオサガメの卵が売られていたことだ。僕たち一行も、屋台の前にある椅子に団長以下みんなで腰掛け、卵を指先で裂いて、中身をすすった。

マレーシアのオサガメの産卵期は夏場で、訪問当時はすでに産卵期も終わりの頃。ふ化場には250巣ほどの卵が埋められていた。いま思えば、40年ほど前のこのときすでに、産卵上陸するオサガメは50頭以下になっていたと考えられる。

マレーシアは1960年代には1万巣もの産卵があった。が、2004年、オサガメの絶滅を宣言した。

オサガメは太平洋・大西洋・インド洋に生息しているが、20年前すでに太平洋のオサガメは絶滅状態にあった。1980年頃には3万頭ものメスが産卵にやってきていた世界最大の繁殖地メキシコも、現在は50頭以下。コスタリカも同様に年間に産卵するメスガメの数は50頭に届かない。

そんな状況のなか、オサガメ繁殖地として太平洋最後の砦となるのがインドネシアの西パプアだ。2000年4月、僕らはジャワ海のタイマイに続き、西パプアで保全プロジェクトをスタートさせた。

はっきりいうとオサガメのことなどなにも知らなかったし、ウミガメ種の中でもっとも絶滅に近いといわれるオサガメなんぞに手を出すつもりはまったくなかった。「なんで、俺が?」という思いもあった。しかし、これまたなりゆきというか、流れのままに乗り出すことになってしまったのだ。

狩猟民族アブン族とウミガメ

西パプアでも卵の盗掘は日常的に行われていた。ただ、卵が売買されていたジャワ海とは違い、西パプアでの卵の採取は経済的なものではなかった。オサガメの繁殖地に近い村の人々はアブン族という狩猟民族で、自らの手で食糧を確保する。ワナを仕掛けたり、イヌに追わせて弓や槍を使い、山に住むブタやシカ、ワラビー、キノボリカンガルー、ミズオオトカゲ、ツカツクリ、ヒクイドリなどの動物を捕まえる。

それと同じように、砂浜にオサガメの産卵巣があり卵があれば、通りすがりに卵を採る。夜、ウミガメが産卵しているのをみかければ、カメをナタで屠殺して肉と卵を持って帰る。それが彼らの生活なのだ。

しかし、1993年になってオサガメの上陸数が減少したため、産卵海岸近くのいくつかの村の長老たちが会議を開き、自らの判断で親ガメの捕獲や卵の採集を禁じた。これは、極めて画期的なことであり、彼らが狩猟民族だからできたことだと思う。

この長老会議をきっかけに、当時のパプア州政府やWWFインドネシアは、村人を雇いオサガメの産卵数を計数するモニタリング調査をスタートさせた。しかし、その予算が厳しくなったのか、1999年9月、タイマイ調査のためにパプアの海岸に入っていた僕らに、「なんとかならないか」と相談してきたのだ。そのとき一緒にいたのが、田中真一さんで、彼との二人三脚はこの年からはじまった。

タイマイ以上に危機感は強いものの、資源回復のためにやるべきことは変わらない。まずはモニタリング調査とふ化後調査で現状を把握する。そして、海岸を歩いて産卵を阻害している要因をつきとめ、それに対処する。

パプアの各村には行政を担当する村長に加え、「ドゥスン」という酋長的立場の族長がいる。そのドゥスンをアブン族の酋長がまとめているという構造だ。僕らが行っている村では一つの村にドゥスンは多くても2人。ドゥスンが1人の村はすべて同じ苗字の人で構成されていて、村内では結婚ができないというから、ドゥスンというのは同姓の家長に相当するのではないかと思う。

ドゥスンは世襲制で海岸の所有者でもある。海岸での活動や村人との交渉はこのドゥスンにお伺いをたてることからはじまる。

ウミガメや卵を食用としてとっている地域では、それをやめてもらい、村人に産卵上陸数のモニタリングと産卵巣のマーキングを仕事として依頼をしていく。ドゥスンが絶対という社会なので、ある意味交渉はシンプルなのだがそれぞれいろいろな事情がある。

たとえば、人口の9割がイスラム教徒というインドネシアにあって、パプアの人たちはほとんどがキリスト教徒で、各村には教会が必ずある。オサガメ採取を禁止していないある村では、村内のメソジスト派の人たちが卵を採っていた。彼らは村でも貧しい暮らしをしていた。しかし、敬虔な彼らは毎週日曜日には必ず教会に行き、卵を売ったお金で教会に寄付をしているという。村で最低限の生活を維持できるよう、ドゥスンが特別に彼らにだけオサガメの卵を採る許可を出していたのだ。

ウミガメの卵は生活だけでなく信仰まで関わっている。最終的には僕らが教会に相応の寄付を行い、村人を雇ってモニタリングを行うということになった。

卵を食べる野ブタを撃退

パプアニューギニア島の西側はインドネシア、東側はパプアニューギニアだ。西側のインドネシア、西パプア州にあるジェン・イエッサ（旧ジャムルスバメディ地区）、ジェン・シュアップ（旧ウェルモン地区）、マノクワリという三つのオサガメ繁殖地が僕らの活動拠点だ。ジェン・イエッサ地区には、西からウェンブラック、バツ・ルマ、ラポン、ワルマメディという四つの海岸があり、ジェン・シュアップ地区には同名の海岸が一つある。これらの2地区を合わせて、ジェン・ウォモンと呼ばれている。

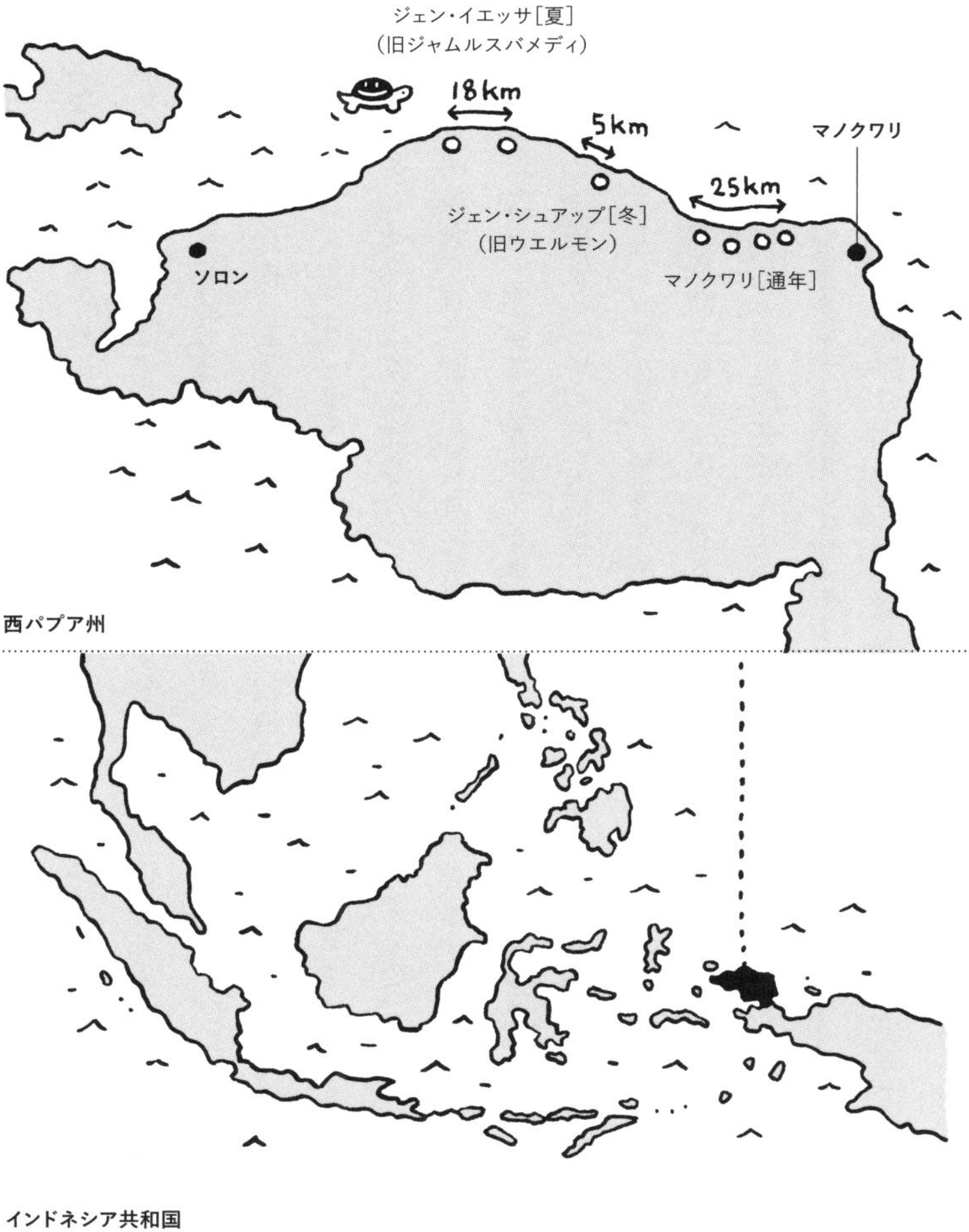
ジェン・イエッサ[夏]
(旧ジャムルスバメディ)
18km
5km
25km
マノクワリ
ジェン・シュアップ[冬]
(旧ウエルモン)
ソロン
マノクワリ[通年]
西パプア州
インドネシア共和国

パプア地図

ジェン・イエッサはパプアニューギニア島の西側、鳥の頭の形をしているバードヘッド半島のちょうど頭頂部に位置する。海岸の長さは18キロほど。この地域は1993年の長老会議で親ガメの捕獲とと卵の採取を禁止したところだ。他の地域、ジェン・シュアップ、マノクワリは禁止されていない。

1999年9月に僕たちが現地入りして産卵状況の調査をはじめたとき、長老たちは「オサガメを増やしたいが、どうすりゃいいんだ」と熱く問いかけてくる。とくに「卵がブタに食われるのをなんとかできないか?」と困り果てた様子だった。

1999年の調査では、野生化したブタによるオサガメ産卵巣の食害率は、産卵密度の高いところでは82%。全体で18キロある海岸全体では62%もあり、ひどい状態だった。

アブン族という種族について詳しいことはわからないが、100年くらい前にいまの土地に住み着いたらしい。その際、酋長や家長の権威のためにブタが持ち込まれた。ブタの飼育頭数は権威者の象徴となり、従う者へ与える食料ともなる。ブタは、村の中で放し飼いにされていて、山に入って野生化するものも出たと考えられる。

野生化したブタの食害は他の動物と比べたちが悪く、前足ばかりではなく鼻も使うので周りに卵が飛び散る。その掘り出し能力は優れていて、産卵巣に卵が残ることはほとんどない。この無駄な食害方法は怒髪天を衝くごとく、頭にくる。

そこで、具体的な保全プロジェクトがスタートした2000年4月、まずはブタの撃退から手がけることにした。

ウミガメの産卵巣を食害から守るため多くの場所では移植が行われているが、産卵巣の上にネットをかけたり、鉄筋の格子枠を設置するという方法もある。しかし、数千もの産卵巣に対してこれを行うのは不可能だ。

僕らは、日本の農地でも使用されているイノシシやシカ除け用の電気柵を、産卵密度のもっとも高い場所の後背地に設置した。柵だけでなく、充電用のソーラーシステムや高電圧を出すパワーユニットを設置するバッテリー小屋もつくった。パプアを訪れるたびに電気柵を設置し、最終的には全長6キロにまでなった。近年になって、僕らのように電気柵を使用して、ウミガメの卵の食害防止をしているところも出てきている。

ブタは現地の人にとっては主要な食料源だ。電気柵によってブタを殺すわけではなく、電気柵は危険だということを学習させ、海岸への侵入を防ぐ。

電気柵を設置して4か月後、野生化したブタの食害率は全海岸で63・3%から24%にまで低下した。産卵密度の高い電気柵設置箇所では、83%から8・7%にまで減少させることができた。

しかし、オサガメの産卵地の後背地は、まったく人手が入っていない熱帯雨林のジャングルだ。時間の経過とともに、熱帯雨林の大木が倒れて電気柵を壊す。枯れ枝や落ち葉が電線の上に落ち、電気柵を固定する絶縁スティックにコケが繁茂し、そこかしこで漏電が起きたり、電線が切断されたりする。加えて、バッテリーが当たり前に盗まれる（なぜか、パワーユニットだけは盗まれたことはない）。

また、「監視員には金が手に入るのに、なんで俺には金が入らないのだ！」と、電気柵を破壊しまくったヤツもいた。僕らの保全活動とはまったく関係のない彼は素面ではなにもいえないしなにもできないのだが、酔っぱらうと手がつけられなくなる。それすら、かわいいなぁと思えるようになった。

このように電気柵は定期的なメンテナンスや修復が必要なのだが、2014年から村の土地所有者と現地政府との間でもめごとが起き、僕らは2年間、ジェン・イェッサの海岸に入ることができなかった。すでに電気柵は機能しなくなっており、2019年から少しずつではあるが再設置をはじめている。

それにしても、と思う。狩猟民族であるアブン族の村にはイヌがいる。イヌがいると書いたのは、決して飼っているわけではないからだ。エサは毎日ではなく、狩猟が成功したときのおこぼれにあずかるだけ。

このイヌたちも海岸に出てエサを探す。オサガメの卵やふ化したばかりの稚ガメは彼らの大好物である。ブタと違い、オサガメの産卵巣への被害は少なく、全卵掘り出されることもなく、稚ガメも全頭食べるわけではない（ただし、稚ガメがふ化して海に入ったあとに産卵巣を無駄に掘り出すこともあり、それもまた腹が立つ）。ブタよりはまだましではあるが、それでも被害は被害だ。

イヌもパプアに持ち込まれたものである。どうせならアブン族の人々は、パプアに広く生息していたフクロオオカミを飼いならして狩猟犬にすればよかったのにと思う。そうすれば、フクロオオカミだって1936年に絶滅せずにすんだかもしれない。フクロオオカミなら民俗学的にも生物学的にも重要な種で、政府はアブン族を大々的に援助したに違いない。そうなれば、結果としていまのオサガメの絶滅危機も救えたかもしれず、残念だ。

サシバエとワニの恐怖

監視小屋の周りは熱帯雨林だ。インコやサイチョウが飛び交い、ジャングルではニシキヘビや飛べない大型の鳥カスアリ、ゴクラクチョウが生息する。ここを拠点に海岸に調査に行くわけだが、欠かせないのが懐中電灯とギョサン（小笠原発祥の漁師のサンダル。略してギョサン）、あとは虫除けと5本指ソックスだ。

海岸での調査は、少ない日で10キロ、多いときは20キロ以上を歩く。ソックスは3〜4日で穴があいておじゃんになる。そのため、パプアに入るときはいつも、ユニクロで大量の靴下を買い込んで行く。

海岸を歩くのに、なぜ靴下？　と思うかもしれないが、これも虫除け対策だ。パプアでは雨季にアガスと呼ばれるサンドフライが大繁殖する。ただ、調べてみると英語のサンドフライはブユやサシチョウバエのことをいうらしく、僕らはサシバエといっている。どちらかというとヌカカのほうが近いかもしれない。

大きさは1ミリほどしかなく、近寄ってきたことすらわからない。たまに、チクッと感じることもあるけれど、ほとんど噛まれたことにも気づかず、ふとみると、腕や足がボツボツだらけ。そして、少しの時間を置いて猛烈なかゆみに襲われる。そして、かゆみは数週間とれずに跡が残る。しかも、このサシバエには寄生虫の寄生率が15％あるともいわれていて、その症状もよくわかっていない。

最初の頃は掻きむしってしまい、菌が入って化膿して、僕は〝鱗人間〟になり、3回入院したことがある。そのうち1回はアメリカ・フロリダのオーランドだった。インドネシアから帰国して、翌日にオーランドで開催された国際ウミガメシンポジウムに出席した。そのときはまだ左足のふくらはぎが少し化膿している程度だったが、シンポジウムの最終日に左足がパンパンに膨れ上がってしまった。

急きょ病院に担ぎ込まれ、病院に入って15分後には手術台の上にいた。担当医は淡々と「もし骨まで菌が入っていたら足を切断する」という。「とりあえず同意書にサインしろ」と。しかし、そのあとがかっこよかった。

「I believe you. You believe me.」

俺はお前を信じる。だから、お前は俺を信じろ――こんなことをいう医者がいることにびっくりした。やはり、信じるものは救われるのだろう（たぶん）、足は切断せずにすんだ。

そんなこともあって、サシバエ対策は入念に行うようになった。虫除けスプレーをして、5本指ソックスをはき、それをズボンの上に伸ばして、隙間ができないようにする。これだけのことをしても、刺される。いまでこそ数か所しか刺されなくなったが、当初は、腕や足それぞれ100か所ほど刺され、かゆみと戦ったものだ。これまでにELNAの職員やカメ関係者、小笠原でボランティアをしてくれた人、カメ研の学生など何人も連れて行っているが、驚くことに海岸に10日ほどいてもまったく刺されない人がこれまでに2人いて、なぜなんだ？　と思う。

しかし、サシバエなどまだまだかわいいもの。海岸を歩いていると、妙な足跡が砂浜によって堰き止められた川から海まで残っていることがある。スキーの上級者が雪の上に描いたスラロームのようにきれいに蛇行しているその跡は、人喰いワニと呼ばれるイリエワニが這った跡だ。パプアのオサガメ繁殖地では、最近ワニが増えてきていて、オサガメを襲うこともある（ワニに襲われて死亡したオサガメをみたことがある）。

スラロームの幅が10センチ以上あれば、体長は2メートル近い大きさ。幅15センチを超えるとゆうに3メートルを超えると想像できる。なかには、僕の足よりも大きな跡がある。5メートルはありそうだ。

ワニは相当な高さまでジャンプをすることができる。川の中で待ち伏せをして、獲物が川に水を飲みに来たところを捕まえるのだ。実際に近くの村では、数年に一度くらいの割合で、川で洗濯していた女性や子どもが食われている。しかも、あまり知られていないがワニは俊足だ。人間よりも速い。どこで聞いたか忘れたが、こういわれたことがある。

「ワニに襲われたら、なにがなんでも15分間逃げきろ」と。

15分たつとワニは走れなくなって、動けなくなるという。みなさんも、いつかどこかで役立つかもしれないので覚えておいてほしい。ワニの持久力は15分だ。

西パプアでのもうひとつの〝戦い〟

電気柵が有効であることはわかったけれど、パプアでのプロジェクトは20年たっても、目立った成果を上げることができていない。オサガメはひたすらに減少している。積極的にオサガメを増やした例は世界にはない。まだ、結果を出せてはいないけれど、僕はELNAがやれば間違いなくオサガメを増やせる、と確信している。「増やせてないじゃん」「口ばっか?」という声が聞こえてきそうだが、問題点は明らかになっている。

じつは、パプアの三つの海岸で調査・保全事業を行っているのは、ELNAだけではない。アメリカの海洋漁業局（NMFS）がサポートするパプア大学やWWFインドネシアが、それぞれのやり方で各自勝手に活動をしているのだ。

もちろん、他の団体が入ってきても、オサガメの保護という同じ目的（厳密な意味では僕らは違うのだが）を掲げているのだから協調すればいい。そのための協議や話し合いは何度も重ねてきた。

僕がいい出しっぺになって、毎年、NMFSやパプア大とワークショップを開催し、別の会議ではパプア大やWWFインドネシアと話し合いもした。しかし、僕たちELNAとNMFSとパプア大学、WWFインドネシアとは、調査・保全の考え方があまりにも違った。違い過ぎるために協調することができなかった。そして、僕らは孤立してしまった。当然のことながら、この孤立は排除を意味した。そして、戦いがはじまったのだ。

さまざまな妨害を受けながら

パプア大学、WWFインドネシアは産卵巣の保護をメインにしている。パプアのオサガメの場合、いちばんの問題は食害なのだが、僕らの電気柵に数歩遅れをとってしまったので、よけい躍起になっているのだろう。パプア大は産卵巣を食害から守るために、数十か所の産卵巣にネットをかけていた。しかしたとえば、3000巣の産卵巣があったとして、100巣にネットをかけても全体の3%にしかならない。全体から判断すると食害防止にはつながっておらず、ヒトが自分たちの行動に満足しているに過ぎない。僕からすると、パプア大の〝保護手段〟は、ヒト側が満足感を得ているだけにしかみえない。

互いに相容れない決定的な要因となったのが、移植への考え方だ。パプア大は波がかぶる卵を海岸の上方へと移植し、地温を測って科学的にやろうとする。WWFインドネシアも村人を雇って、1巣200円ほどでジェン・シュアップ海岸のほぼすべての卵を移植し、ふ化場に埋めている。

移植の無意味さ（というより、有害さ）は、すでにお話しした通り。何度もいうけれど、世界のどこを探しても、移植によって繁殖数が増えた事例はひとつもない。パプアの海岸でもWWFインドネシアによる移植卵のふ化率はたった25％。自然海岸のふ化率が70％以上ある海岸で、なぜ移植をし続けるのか。まるで意味がわからない。

「移植は無意味で、むしろ産卵数を減らしている」

こういい続ける僕に、パプア大の人から「これを読みなさい」と1本の論文を渡されたことがある。それは、カリブ海にあるアメリカ領バージン諸島のセント・クロイックス島の海岸でオサガメの産卵数が増加したという論文だ。

当時、この海岸では毎晩、パトロールが行われ、全卵移植と標識放流が行われていた。彼らはこの論文を頼りに、移植によって資源回復ができると思い込んでいる。僕に対しても「ほら、移植は効果があるんだ」といいたかったのだろう。しかしその後、セント・クロイックス島のオサガメ調査は人が変わり、一部の海岸が崩壊した場所以外では移植を行っていない（ただし、オサガメ産卵数の減少は続いている）。

「なにもしないのがいちばん」という僕たちに対し、アメリカの研究者は「ＥＬＮＡはサイエンティフィック（科学的）ではない」という。僕からすると自分たちに都合のいい古い1本の論文をバイブルのようにすがり、思い込みと惰性で移植を続けることのどこが科学的なのか？　と思ってしまう。

おそらく、アメリカからはＥＬＮＡがパプアで活動をはじめたときから警戒されていたのだろう。すでに書いたように、僕らの活動は、当時のパプア州政府とＷＷＦインドネシアからオサガメのモニタリング調査を引き継いでもらえないかと頼まれ、２０００年４月に具体的にスタートした。

かつての監視員12名を雇ってオサガメの産卵巣を計数するという調査をはじめたわけだが、７月になってＷＷＦインドネシアはこちらにいっさいの連絡もなく12人の監視員のうち６人に対して給与を支払い、自分たちでも調査を再開した。

自分たちから頼んでおきながら、いったい、なんなんだ？　インドネシアの人に聞いてもまったく不思議がらなかったのも当時の僕には不思議だったが、どうやら、パプアにはアメリカもときどき調査に入っていて、ＥＬＮＡが調査のイニシアチブをとることでデータが入ってこなくなることを危惧して、ＷＷＦインドネシアに働きかけたようだ。

これだけではない。僕らがふ化率調査のために産卵巣をマーキングしたエリア内にずけずけと自分たちの調査対象区を設置し、僕らの監視員を追い出したりする。

また、つい３週間前までアメリカ人が海岸にいたのに、突然、「外国人」という理由で僕に海岸に入る許可がおりなかったこともあった。

ひどいときには、ＷＷＦがパプア州（現：西パプア州）林業省の許可（オサガメの産卵地一帯は特別保護地域となっているため、そこに入る外国人は許可が必要なのだ）を出す役人にエアーチケットを渡し、僕らがパプアの町に入る前日にジャカルタに出張させるなんてこともされている。しかも、３回も！

オサガメの稚ガメの生産量を上げる、ただそれだけに全力投球したいのに、僕の活動はさまざまな妨害にあい、くだらない交渉に多くの時間が費やされてしまった。

村人を怒らせた議案

ある年のこと。監視員のいる村に上陸しようとしたところ、大勢の村人が武装して僕らの前に立ちふさがった。

「お前ら、なにしに来た」

「船から降りるな」

「もし、お前らがＷＷＦなら、すぐ帰れ」

「もし、政府関係者なら、波打ち際まで来い」

「もし、ＥＬＮＡなら上陸してもよい」

こういいながら、村人は波打ち際に線を引いて、弓と槍で威嚇しながら手招きをする。これまでに何回も上陸している村で、なにごとかと驚いたのだが、よくよく話を聞いて理解をした。

この地域はもともと特別保護区に指定されているのだが、WWFがパプアの自然を守るために、この地域の動植物の捕獲をいっさい禁止すべきだという提案を国会に提出。その議案が通ってしまったのだ。

「どうやって食っていくんだ。俺たちに死ねというのか！」

彼らが激怒するのも当然だ。この地域の村人たちはこの保護区の中で猟をし、暮らしている。家の材料や日々の燃料もこの熱帯雨林から得ている。動植物いっさいの狩猟や採取を禁じられたら、彼らはこの地で生きていくことはできない。

これらの地域の土地は彼らの個人所有地なのに、彼らに伝えられたのは決定された議案だけ。「今後いっさい、動植物を採取してはならない」という一言だけで、彼らの生活権が奪われようとしたのだ。おそらく、外国人である僕も、これに一枚かんでいると思われたのだろう。

村人たちの怒りによって、結局、この議案は白紙撤回された（のはよかったが、弓や槍を向けられた僕の恐怖は、どうしてくれるのだ！）。

現地で活動していて実感するのは、いまだ当たり前に続く階級や宗教による差別だ。人が人として平等ではない。上の立場の人は、人を人としてみていないのだと、つくづく思う。

2019年8月、パプア州と西パプア州で若者の政府に対する抗議デモや暴動が起こった。きっかけは、ジャワ島のある都市でインドネシアの国旗を掲げた支柱が折れるという事件が起こったことだ。パプア出身の学生の関与が疑われ、警官（治安部隊）は催涙ガスを使用。学生たちに「このサルどもめ！」と暴言を吐いた。

「俺たちはサルではない!!」

学生たちの怒りが爆発し、抗議デモに発展したのだ。

この事件には根が深いものがある。インドネシアはかつてオランダ領で、第二次世界大戦中に日本の軍政下に置かれるが、日本の敗戦によって1945年8月17日に独立宣言をした。いまでもこの日を独立記念日としているが、実際は、統治国であったオランダとの間では独立戦争が続き、国際的にインドネシア共和国となったのは1950年になってからだ。

このとき、パプアはインドネシアに含まれておらず、1961年になってオランダが西パプアとして独立を認めたためインドネシアが侵攻。1963年にインドネシアに併合された。しかし、パプアでは独立の気運はいまだに強い。武装闘争も続いていて、これまでに10万人以上のパプアの人たちがインドネシア軍に殺害されている。

インドネシアがパプアに固執するのは、パプアには金と銀が大量に眠っているからだ。同時に差別意識は根強く、鉱山がある地域でもパプアの人たちが優遇されることはない。

オサガメの繁殖地でも同じ。特別保護地区となっているが、現地で生活する人たちのことはまったく考えられていない。しかし、土地は彼らが所有しているため、中央政府に目が向いているパプア政府とアブン族との間にはもめごとが多い。そのとばっちりを受け、僕らも2～3年海岸に立ち入れないことがある。

オサガメの産卵数が増えない理由

WWFなどから、なぜ、嫌がらせのようなことを受けるのかというと、世界中のウミガメ研究者や保護団体は、太平洋のオサガメが絶滅危機にあるのは、はえ縄漁による混獲が原因だと信じているからだ。アメリカはその資金力で衛星追跡調査を頻繁に行ない、オサガメの回遊経路を明らかにすることに躍起になっている。ウミガメ研究のイニシアチブをとりたいのだろう。

確かに、はえ縄漁による混獲はある。しかし、パプアの海岸を20年以上歩いていると、マレーシアやメキシコ、コスタリカでオサガメが絶滅したり、絶滅に瀕したりしている直接的な原因は海岸にあるとしか考えられない。具体的には、夜間パトロールと卵の移植だ。

そう考えるに至った理由はいくつかあるのだが、確信したのは、各海岸での産卵成功率のデータをみたときだ。ちょっと気になることがあって、監視員に調べてもらったのだ。

ジェン・シュアップ海岸では通常、90～95％の産卵成功率がある。つまり、10頭上陸すれば9頭は産卵している。しかし、あるときだけ、産卵成功率が50％を切ったりする。50％を切るということは、産卵メスガメが上陸はしたもののなんらかの理由で半分が産卵できなかったということ。このとき、いつもとは違う〝なにか〟があったと考えられる。

パプアの3つの海岸――ジェン・イエッサ、ジェン・シュアップ・マノクワリは、それぞれ産卵シーズンが異なっている。ジェン・イエッサは夏、ジェン・シュアップは冬。マノクワリは産卵数自体少ないものの、ほぼ通年産卵している。

なぜ、マノクワリでは1年中産卵があるのか。当初、その理由はわからなかったが、マノクワリの産卵メスガメは、夏はジェン・イエッサから、冬はジェン・シュアップから移動してきたと解釈できるのではないかと気づいた。なんらかの理由で、本来、産卵場所としてきた海岸から移動してきたのではないか。

また、冬の産卵地であるジェン・シュアップの産卵巣数の季節ごとの経年変化をみると、2003年は夏の産卵はまったくみられなかったのだが、2004年から徐々に夏場の産卵数が増えている。その反面、ジェン・イエッサでは、いまだに冬の産卵は見られない。2003年は、アメリカや僕らが夏の産卵地であるジェン・イエッサで標識放流を散発的にはじめた年だ。2005年はパプア大がジェン・イエッサの海岸に学生を張りつけて集中的な標識放流をはじめた年。

これらを整理すると、もっとも西に位置する夏の産卵地であるジェン・イエッサから、23キロ離れた冬の産卵地であるジェン・シュアップへ移動し、夏にも産卵するようになったと考えられる。さらに、ジェン・シュアップから50キロ以上離れたマノクワリへとオサガメが移動。結果、マノクワリでは年中産卵が行われるようになったのではないか。

ではなぜ、オサガメが移動したのか。かつては夏と冬に完璧に分かれていた産卵地の産卵が、なぜ混ざってしまったのか。それも、西から東へと。

その理由は、なんとパプア大を指導しているNMFSが発表した論文から明らかになった。その論文はオサガメに装着した発信機を衛星追跡した結果をまとめたもので、衛星発信機を装着されたオサガメは、次の産卵時には平均で東に5キロ移動し、最大で26キロ移動した個体もいたと書かれていた。この論文を書いた人は、パプアに行った人ではなく衛星発信器のデータをまとめただけで、オサガメが産卵海岸の狭い範囲に固執するウミガメだという理解がなかったのだろう。論文にはこれらの移動は「小さい」と書いている。

5キロというのは、ジェン・イエッサ地区のひとつの海岸の長さとほぼ同じ。また、ジエン・イエッサからジェン・シュアップの直線距離は23キロである。26キロの移動はこれら2つの海岸、夏場の海岸から冬場の海岸への移動を証明している。発信機装着時に産卵阻害を受けたオサガメは産卵地を放棄し、東に移動したと考えられる。そして、逆の移動はみられないことが、アメリカによって証明されたのだ。当の本人たちはこのことに気づいていないし、重要視もしていないけれど。

さらに、この論文にはもっと重要なことが隠されていた。アメリカはパプアで産卵最盛期に衛星追跡発信機を76頭に装着している。が、装着後に産卵したメスガメはたったの20頭。70%以上のメスガメがシーズン中に次の産卵をしなかったのだ。アメリカの発信機の装着は6~7月の産卵最盛期頃にはじめられている。その時期のオサガメの70%以上が次の産卵上陸をしなかったということは、多くのオサガメが産卵放棄したことを意味する。

オサガメは成熟をするとほぼ2年おきに産卵シーズンを迎え、シーズン中は平均で8~9回、9日おきに産卵する。

カリブ海のセント・クロイックス島では当初、オサガメの産卵回数は平均で7回近くあったが、調査が進むにつれて毎年産卵回数は減少し、10年ほどで半分になった。カリブ海では標識が装着されているが、他の海岸から標識をつけたオサガメが上陸したという情報はない。つまり、パプアのようにオサガメが産卵できる隣接する海岸が存在していない。つまり、産卵しないメスガメが増えたということだ。

はっきり書こう。ヒト(研究者)の存在によって、オサガメは産卵できなくなっているのだ。

現在では、セント・クロイックス島の研究者も変わり、衛星発信機を装着している研究者はオサガメの産卵を妨害しないようものすごく気をつかっている。彼らがもっとも恐れているのは、発信機を装着したオサガメが再び戻ってこないことだ。発信器の装着時間は9分以内。もしこの時間を超えそうになったり、装着中に産卵をやめそうになったりしたら即中止。これらのルールを決めるために、産卵中のオサガメの心電図をとったり、写真撮影によるオサガメへの影響を調査しているという。

もう、おわかりだろう。パプアでも標識放流の夜間パトロールがオサガメの産卵阻害を起こしているのだ。カリブ海の島以上に産卵阻害された率は高く、パプアのオサガメは海岸を移動もするが、それ以上に再上陸できないカメをつくり出している。まだ実証できていないが、僕はこれらのカメは水中放卵したとみている。

ＥＬＮＡがまだオサガメに標識放流をしていたとき、僕は産卵せずにＵターンして戻ってしまったオサガメに何回か遭遇したことがある。たとえライトを点けていなくても、波打ち際で上陸をはじめるオサガメと出くわすと、ほとんどのメスガメは海へと戻ってしまう。10メートル以上も離れているにもかかわらず。

調査や保護活動がオサガメを減らしている可能性が高いと確信した僕たちは、それまで行ってきた標識漂流を２０１４年2月にやめた。そして、夜に歩く必要があるときは、波打ち際から10メートル以上離れて歩くようにしている。

しかし、ＮＭＦＳの指導のもと、パプア大は歩きやすい波打ち際を歩き、懐中電灯を点けたり消したり、標識漂流のため海岸を歩き回っている。産卵巣を掘っているオサガメを発見すると煌々とライトを照らす。こうしたやり方に異議申し立てをし続けてきたけど、「使っているのは、赤いライトだから問題はない」というだけ。まったく聞く耳をもたない。

なぜ、オサガメは減少しているのか、僕は海岸でずっとそれを考え続けてきた。ここ何年か、ようやくその原因の端緒がつかめてきた。夜間パトロールと移植だ。

いまは、それを証明するため、オサガメを増やすために活動しているのだが、前に立ちふさがる壁はでかい。

ウミガメコラム⑤

研究者との共同研究

カメが気象予報の手伝い

回遊するウミガメにデータロガーを装着し、集めた海水温のデータで気象予想ができないだろうか？

こんなおもしろいことを考えたのが、東京大学大気海洋研究所の佐藤克文教授だ。佐藤教授は動物に小さな記録計（データロガー）を装着し、生物の生態を研究する「バイオロギング」の第一人者（この言葉自体、佐藤教授の造語だ）。彼がまだ京都大学の学部生時代に小笠原で知り合い、以来、年に2、3回は酒を飲むつきあいをさせてもらっている。

ウミガメに海水温を測ってもらうという話も、酒の席で聞いたのが最初だった。佐藤教授が考えていたのは、カメにロガーを装着して、水深50メートルくらいのところの温度を測ることができれば、いまより格段に高い精度で台風の進路予想ができるはず、ということだった。

僕「台風の進路だったら北緯7度以上を回遊するカメか。小笠原あたりもいいかもしれないし、パプアのヒメウミガメは北上するから、ちょうど台風の進路あたりの水温を取れるよ」

佐藤「じゃあ、それでやろう」

といった具合で、佐藤教授の研究グループとELNAと共同研究をすることになった。2017年6月、ワルマメディ海岸で産卵のために上陸したヒメウミガメ5頭に発信器を取りつける調査を行ったのだ。

想定外だったのは、パプアのヒメウミガメは北上すると考えていたのだけれど、5頭すべてが西回りで南下し、アラフラ海に行ってしまったということだ。それでも約3か月間にわたってほぼ毎日、水温情報が人工衛星経由で送られ、データの収集は成功。最初に考えていた台風の予想とはならなかったけれど(台風は赤道より北側の北西太平洋か南シナ海にできる熱帯低気圧のことをいう)、これまであまり知られていなかった海域の水温変化のデータが得ることができ、エルニーニョの発生メカニズムの解明につながった。

佐藤教授との共同研究はこれだけではなく、毎回、たくさんの議論を重ねて、調査を行う。次章で触れるけれど、いま進めているノース・キャロライナ大学のケニス・ローマン教授との共同研究も同じで、疑問をぶつけ合い、意見を交換しながら進めている。

僕自身は共同研究とはそういうものだと思っているけれど、こうしたスタイルは研究の世界では珍しい。共同研究者といっても、一般的にはファーストオーサー（筆頭筆者）が書いたものに「OK」を出す程度のことしかしない。対等な立場での「共同研究者」というのは、普通、ありえないのだ。

ELNAの現場力

僕らは研究者ではないし、研究者になってはいけないとも思っている。研究者の視点になると、海岸に立つ目的が「減少したウミガメを増やすこと」から離れていってしまうからだ。でも、ウミガメを増やすため、その生態をもっと知る必要がある。佐藤教授との共同研究でロガーから貴重な情報が得られたように、研究者との協同は僕らにとっても新しい知見を与えてくれる意義深いものだ。では、僕らが研究者に提供できるものはなにかというと、それは「現場」だ。

ウミガメの扱い方に慣れているとか、海岸を熟知しているとかはもちろんだけれど、それればかりではない。とくにインドネシアでの調査は僕がいると、かなり〝お得〟で便利になる。

ＥＬＮＡはインドネシアにつくった現地法人、インドネシアウミガメ研究財団（ＹＰＬＩ）をカウンターパートにジャワ海やパプアで活動しているが、僕はこのＹＰＬＩの特別研究員という立場にある。ボスはインドネシア人で、僕は単なる無給の一職員。インドネシアで日本人が雇われているわけで、これまたありえないスタイルなのだろうが、これがなにかと都合がいい。

海外の研究者がインドネシアで調査・研究をしようと思うと、日本でいうところの科学技術庁のような役所で許可をもらわなければならない。許可がおりるまで半年から1年がかかるし、さらに、現地での調査には向こうの職員の同行が必要で、それにはこちらが日当を払って雇わなくてはいけない。

額にして1日5000円くらい。彼らにとっては給料の6分の1だ。10日調査入れれば、2か月分に近い給料になるのでうれしい話だろうが、研究者にとっては大きな負担だ。それが、僕が調査をするというかたちをとれば、許可がいらなければ、役人の同行もいらない。あくまで「インドネシアの団体」がやっていることになるからだ。

ロガーを載せたヒメウミガメを見送る佐藤教授
甲羅のあるカメはロガーを設置しやすい

本書ではずいぶん研究者への悪態をついているけれど、僕らの思いを理解し、僕らのもつ現場力をしっかりと評価してくれる研究者も世界中にいる（たくさん、とはいえないのだけれど）。彼らの存在は、僕にとって大きな力になっている。

6章 ウミガメを「守る」ということ

ボランティアではできない

ＥＬＮＡは、小笠原のアオウミガメ、ジャワ海のタイマイとアオウミガメ、パプアのオサガメ・ヒメウミガメ・アオウミガメのモニタリング調査を20年以上続けている（僕とアオウミガメとのつきあいに至っては45年にもなる）。アカウミガメに関しても、日本で保全活動をしているところへお邪魔して、ふ化状況の調査をさせてもらっている。

これだけ見続けていると、産卵行動にしてもふ化状況にしても、種によってすべて違うことがわかる。また、海岸の環境によってその場所ならではの特性がある。それがみえてこないと、ウミガメの保全などできるわけがない。

厳しいいい方になるが、ボランティア活動だけで産卵巣の保護を行っても、ウミガメ保全はできるものではない。本気でウミガメの保全活動をしようと思ったら、論文などさまざまな情報を集め、理解する必要がある。一般的な知識と論文を読んで理解することは、まったく異なる。得られた知識を解釈しながら、自分たちが活動している現場から得られた情報と結びつける努力が常に必要だ。そこにかかる時間とエネルギーを考えると、ウミガメの保全は仕事として取り組まない限り無理だ。

無償での活動は容易に、保護活動自体が目的化する。「ウミガメを守る」とはじめたことだとしても、その行為自体が目的になり、気づけばヒトの側からしかウミガメをみなくなってしまうのだ。

たとえば、「ウミガメの産卵見学は啓蒙活動として有効であり、地域経済を潤す資源となる」という意見がある。なるほど意識の高い、いい話のように聞こえる。しかし、よく考えてみれば、人の活動を軸に単にウミガメを利用しているだけ。ウミガメ保全とはまったく別物だ。卵の移植も稚ガメの放流会も同様だ。

すでに触れたが、「6時間以上たった卵を垂直回転させるとふ化率が落ちる」という論文がオーストラリアのウミガメ研究者によって発表されたのは40年以上前。その後、「移植するなら2時間以内にするべきだ」と情報がアップデートされている。にもかかわらず、世界の多くの場所ではバケツやレジ袋に卵を入れ、早朝に移植しているところだってある。ふ化場でのふ化率はオサガメで25％、日本のアカウミガメでは40％ほどでしかない。

もちろん僕は、日本全国で活動するウミガメ保護団体のすべてを否定しているわけではない。日本のウミガメ保護活動は地域行政の理解を得ながら、地道な調査を行っている。それぞれの地域で行われている産卵巣のモニタリング調査は非常に重要だ。

ただ、残念なことに、夜中に一生懸命移植を行って汗を流すことがウミガメ保護だと思い込んでいるボランティア団体が存在するし、それが腹立たしいのだ（もちろん、日本に限った話ではないが）。保護活動自体が目的化してしまうと、「なぜ、増えないのか？」に目が向かない。ともすれば、減少の理由を他に転嫁したりもする。

ヒトの側からの一方的な見方や関わり方で、ウミガメを本当に守ることができるのだろうか。そこまで、ヒトは自然界のウミガメをコントロールできるのだろうか。世界のウミガメの状況をみていると、ヒトはウミガメをコントロールすることなどできないと感じる。ずっとウミガメを見続けていると、そうとしか考えられないのだ。

人の影響を取り除く

繰り返しになるが、ＥＬＮＡは「海の力に任せる」をモットーにしている。そのため、「なにもしないこと」を最優先させてきた。僕がやろうとしているのは、ウミガメのライフサイクルから人為的な影響を取り除くことだ。僕らのウミガメ保全は、極力、人の影響を取り除くことにある。そして、ヒトの影響によって、ウミガメは減少するのかを調査している。

ウミガメをヒトが関わらない状況下におけば、ウミガメは間違いなく増加する。もちろん、産卵地も索餌海域も人の影響のない自然環境であることが条件となる。

世界の多くのウミガメ産卵地では、盗掘があるために移植を行っている。これは、明らかに産卵から稚ガメが海に帰るまでの間、人の管理下に置かれることになる。だから、僕は強く反対している。

くどいといわれようが、何度でもいう。すべての卵を移植しているところで、ウミガメが増えた産卵地は僕が知る限りでは存在しない。もし、知っている人がいれば教えてほしい。もちろん、昨年より多かったとかはナシだ。ウミガメの成熟年数以上、30～40年以上にわたり移植を行っている場所であれば、移植の影響は確実に出ているはずだ。

移植だけではない。すでに述べたように、パプアのオサガメは野生化したブタによる食害の影響が大きく、そのための電気柵を設置したわけだが、これも、もともとパプアに生息していないブタをヒトが持ち込んだからであり、間接的ではあるがヒトが影響をしている。

パプア大やWWFインドネシアによる夜間パトロールの産卵阻害の影響も大きい。だから、その〝悪要因〟を徹底して排除するのが目下のミッションだ。ヒトによる産卵阻害をなくして、オサガメに同じ海岸で何回も産卵させ、海岸を移動させないと決めたのだ。

そのため、2017年に強硬手段に出た。もっとも産卵密度の高い海岸をELNAが独占して使えるよう所有者と契約をしたのだ。しかし、初年度は海岸所有者がパプア大とダブル契約してしまい失敗（現地では珍しい話ではない）。翌２０１８年は6月までパプア大が海岸所有者の許可を取らず勝手に入って調査していたが、後半だけであるがＥＬＮＡが独占することに成功。

２０１９年は逆襲を受けた。なんと、ＮＭＦＳとパプア大が画策し、地方政府の知事からＥＬＮＡへ海岸の立ち入り禁止命令が出されたのだ。しかも、この勧告命令書のコピーはパプア大から渡された。なぜ、ＥＬＮＡに対する政府の書類をパプア大が持っているのだ？　そこまであからさまにやるのかと、あきれてしまう。

さらに、人づてに漏れ聞いた話では、ＮＭＦＳ関係者は「菅沼はパプアに入ると逮捕されるだろう」とまでいっていたらしい。上等である。

結局、オサガメのことを真剣に考えている人は誰もいないのだ。カメはそっちのけで、関係者同士が自分の権利を主張し、意地のぶつけ合いをしているだけ。その意味では、僕も同じ立場なのだけれど。

ＮＭＦＳとパプア大を追い出すというと言葉は悪いが、僕は5年前から各団体へ海岸を割り当てることを提案してきた。各団体の調査や活動を比較すれば、なにがオサガメに影響を与えているかがわかる。海岸近くに住んでいる村人や海岸所有者は、最初からこの意見に賛同してくれた。

そして、2019年から2020年にかけて、僕を追い出そうとした地方政府と交渉した結果、なんのことはない、僕の提唱したように海岸を各団体に割り当てることになった。当初、予定していた産卵密度がもっとも高い海岸で、「なにもしない」というオサガメ保全ができる。何回もの話し合いや交渉、決裂など、いろんなことがあったけど、すべては結果オーライだ。

2020年、世界中に広がった新型コロナウイルスの感染蔓延は、ウミガメにとっては悪くない状況をつくった。2月に入り、ウイルスの脅威が世界中に認知され、僕自身も在宅勤務に入った。現地に入ることはできなくなったけれど、インドネシアのヤヤサンやパプアのスタッフには、日本から頻繁に指示を出している。コロナ禍において、オサガメの産卵地でモニタリングを行っているのは僕らだけだ。村の監視員の人たちはよくやってくれている。

僕のところに届くデータをみると、ジェン・イエッサ地区にあるワルマメディ海岸のオサガメの産卵数は、ここ数年と同じくかなり低い水準で推移している。しかし、少し時間がかかるだろうけれど、このまま人の影響がなければ来年あたり、数字に現れるのではないか。それがいまから楽しみだ。一方、ジェン・シュアップ海岸は過去最大の産卵巣数になりそうだが、夏場の産卵巣数がまだかなり多い。夏場にジェン・イエッサから移動したオサガメは、誰もいない海岸で定着したのかもしれない。

ウミガメ研究者と保全

日本においてもウミガメの研究者は増え、研究は盛んになってきている。しかし、現状では研究者による調査や研究によってウミガメの生態の現象や仮説を説明できても、それを普遍的に保全の現場で適用することはできない。実際、多くの地域でウミガメ類は減少していて、これまでの研究の積み重ねでは増せていない。行動や生態、遺伝子など、研究は進んでいるのは間違いないが、それでも説明できないことがあまりにもたくさんあるのだ。

研究者的な立場でウミガメに携わることは非常に困難なことだと思う。ウミガメにかかわらず、研究者は実績がなければ単年度ごとに研究費を獲得しなければならない。裏を返すと、単年度で結果を出さなければならない。しかし、1年間、産卵巣の調査をしたところで、わかることなどなにもない。ウミガメの生態の根本に迫るような研究は、いまの日本のアカデミズムの世界ではできなくなっているのだ。

アメリカでは、多くの研究者が現場に関わっている。しかし、病理なら病理、遺伝子なら遺伝子、行動なら行動と分野は細分化されていて、現場でもその分野の研究に携わることになり、これもまたウミガメ保全とはなかなか結びつかない。専門分野しかみていない研究者がウミガメ保全活動をリードすると、別の問題が発生するのだ。

多くの研究者は自分の得意分野があり、できるだけ深く広くという立場になりきれない。そのため、短絡的な結論が出やすくなる。たとえば、「移植を2時間以内で行えばふ化率がよくなる」という仮説を立てて現場でデータを集めれば、当然そのような結果は出てくるだろう。それを踏まえて、「2時間以内に移植さえすればふ化率は上がる」という保護活動が成り立ってしまう。

しかし、このエビデンスに（一応）もとづいた活動があまりにも一面的で有害であることは、ここまで読んでくださった方にはわかってもらえるだろう。盗掘によって卵が根こそぎなくなってしまうので、移植して守るべきだ、というのが正論になってしまうのも同じ理屈だ。

もちろん、アカデミックな研究の力は重要であり、研究者から得るものは大きい。ELNAは多くの繁殖地で活動し、さまざまな人たちと接している。国内外の多くの研究者と共同研究や協働で調査を行っている。

ブラジルでは政府とウミガメ研究者、保護団体や漁業者の間に強力なネットワークがあり、一丸となってウミガメの保全活動を行い、うまくいっている。南アメリカでもウミガメネットワークが機能しはじめ、どこの漁船がどこで、どの種のウミガメを混獲したとか、産卵海岸では何月何日に何頭が産卵したとかいった基礎データがすべてまとめられている。

日本でウミガメの博士号を取得したら、ブラジルに行くのもひとつの手ではないかと思う。一生ウミガメと接することができそうだ。ウミガメで学位を取った人には、ぜひおすすめする。

雨ドイとワニとニオイ

僕らの仕事のほとんどは、ただただ歩くことだ。歩いて、数える。それだけだ。歩けば、ウミガメのことがよくわかる。産卵跡を数える、歩きながら産卵巣の位置をみる、足跡をみる、波の様子をみる、海岸の後背地をみる、川をわたる。歩けばいろいろなことがわかってくるのだ。これらの一つひとつが、ものすごく膨らみをもつ。

産卵巣は海岸のどの位置にあるのか、波がかぶるのか、スナガニの穴はあるか、卵は掘り出されているか。卵を食べた動物の足跡と痕跡、殻の散らばり具合から、捕食した動物が特定できる。もちろん、卵の発生状況もチェックする。産卵巣ひとつとっても、みるべきものは際限なくある。

なかでも、僕らがもっとも重要視しているのは産卵巣数と産卵位置、それとふ化後調査だ。産卵巣数によって来遊数が推定できる。ふ化後調査をやることによって、ふ化しない卵はどのような状況で死亡したのか、なぜそのような場所に産卵するのか、考えることができる。もちろん、何頭の稚ガメが海に入ったかも推定できる。

最近の僕は、海岸からさまざまなことを得ている。40年以上ウミガメに接してきて、海岸を歩き続けてきて、みえてきたものがある。発想の連鎖が起き、それがどんどん現実とつながっていく。

たとえば、オサガメの海岸の後背地にある監視小屋でのこと。パプアは熱帯雨林だから、バケツをひっくり返したようなスコールがよく降る。あるとき、マラリア蚊やサシバエと闘いながらその雨をみていると、トタン屋根の雨ドイから滝のように水が落ちてくる。落ちてきた水は川のようになって低いほうへと流れていく。

「あっ、雨が小降りになった」

そう思った瞬間、川のように流れていた水は地面にしみて、あっという間になくなってしまった。パプアの海岸の砂は浸透力がものすごく高い。そのため、高波が押し寄せても引き波はほとんど起きない。海水だろうが雨だろうが、あっという間にしみ込んでしまう。

このなんでもないワンシーンによって、僕が長年、不思議に思っていたふたつの謎が解けていったのだ。

パプアの海岸を歩いているとワニの足跡をよくみかける。人食いワニとも呼ばれる凶暴なイリエワニかニューギニアワニのものだ。このワニの足跡を追ってみると、海岸丘で河口が封鎖されたところなのに、海から上陸してまっすぐに川に入っている。ワニの目線からは絶対に川がみえないはずなのに、なぜ、ワニは川の存在がわかるのだろうか。

答えは、パプアの砂の浸透力にあったのだ。満潮時に海面とほぼ同じ高さとなる川の水は、潮が引けば砂にしみこみ、深いところで地中から海へとしみ出ている。波打ち際の砂浜には川の水が滲み出ている痕跡はなにもないけれど、おそらくワニは、海中から滲み出ている川の水のにおいをたどって、まっすぐに陸上の川にやってきているのだろう。

だとしたら、オサガメの産卵についても、においが関係している可能性は高いのではないか。ヒメウミガメの集団産卵アリバダもにおいが関係しているといわれている。雨ドイとワニの足跡から、ＥＬＮＡはウミガメの嗅覚についての研究をスタートさせた。

種によって産卵場所が違う理由

もうひとつ、雨ドイをみてひらめいたのは「やっぱり移植なんて必要ないじゃないか！」ということだ。なんのこと？　と思うかもしれないが、思い出してほしい。移植をする理由のひとつに、「卵や産卵巣が波をかぶると呼吸できなくなってふ化率が落ちたり、稚カメが死んでしまうから」というのがある。移植を認めるかは別にして、僕も波は卵や稚カメに影響を与えると思い込んでいた。

しかし、雨ドイから流れ出た水をみていて気がついたのだ。僕らは発想を変えるべきなのだ。「高波で卵が死ぬ」と決めつけてどうするかを考えるのではなく、「なぜ、ウミガメは高波がかぶるようなところに産卵するか」を考えるべきなのだ。

そもそも、彼女たちは卵が死んでしまう場所に、何百万年間も産卵し続けるだろうか。僕は絶対にありえないと考えている。オサガメのふ化率を調べてみると、波打ち際でも80%以上ある。アカウミガメも海岸によっては高波がかぶってもふ化すると聞く。

タイマイは海岸の後背地に産み、アオウミガメは海岸上部の草付きに産むことが多い。アカウミガメはなだらかな海岸の上部に産む傾向がある。オサガメとヒメウミガメは砂浜全体にわたって産卵する。種によって産卵場所が違うのはなぜか。僕には、これがウミガメたちの種を維持する生存戦略にみえる。

しかし不思議なことに、ウミガメの保護に携わる人の多くが、「波打ち際近くに産卵する卵は波をかぶるので、保護のために移植する」ことに疑問をもたない。現生種は数百万年間そのような産卵をしている。たかだか20万年しか生存していないヒトが、その戦略も理解することなく勝手な解釈をしてよいのか。きっと、僕のいっていることのほうが不思議に思われるのだろう。なにしろ、多勢に無勢だ。

オサガメのカモフラージュ

種によってなぜ産卵位置が違うのか。そこにはどんな戦略があるのか。この謎を解く端緒はやはり、海岸でみつかった。２０１６年ジェン・シュアップ（当時はウェルモン）の海岸で、オサガメの産卵をみていたとき、一緒にいた職員の近藤理美さんの一言がきっかけだった。普段、上陸から産卵、穴埋め、帰海までを見届けることはないのだけれど、このときは小笠原で働く近藤さんにとって初めてのオサガメ調査だったため、最後まで見守っていたのだ。

オサガメが産卵を終え、穴埋めをしたあと、近藤さんはこういったのだ。

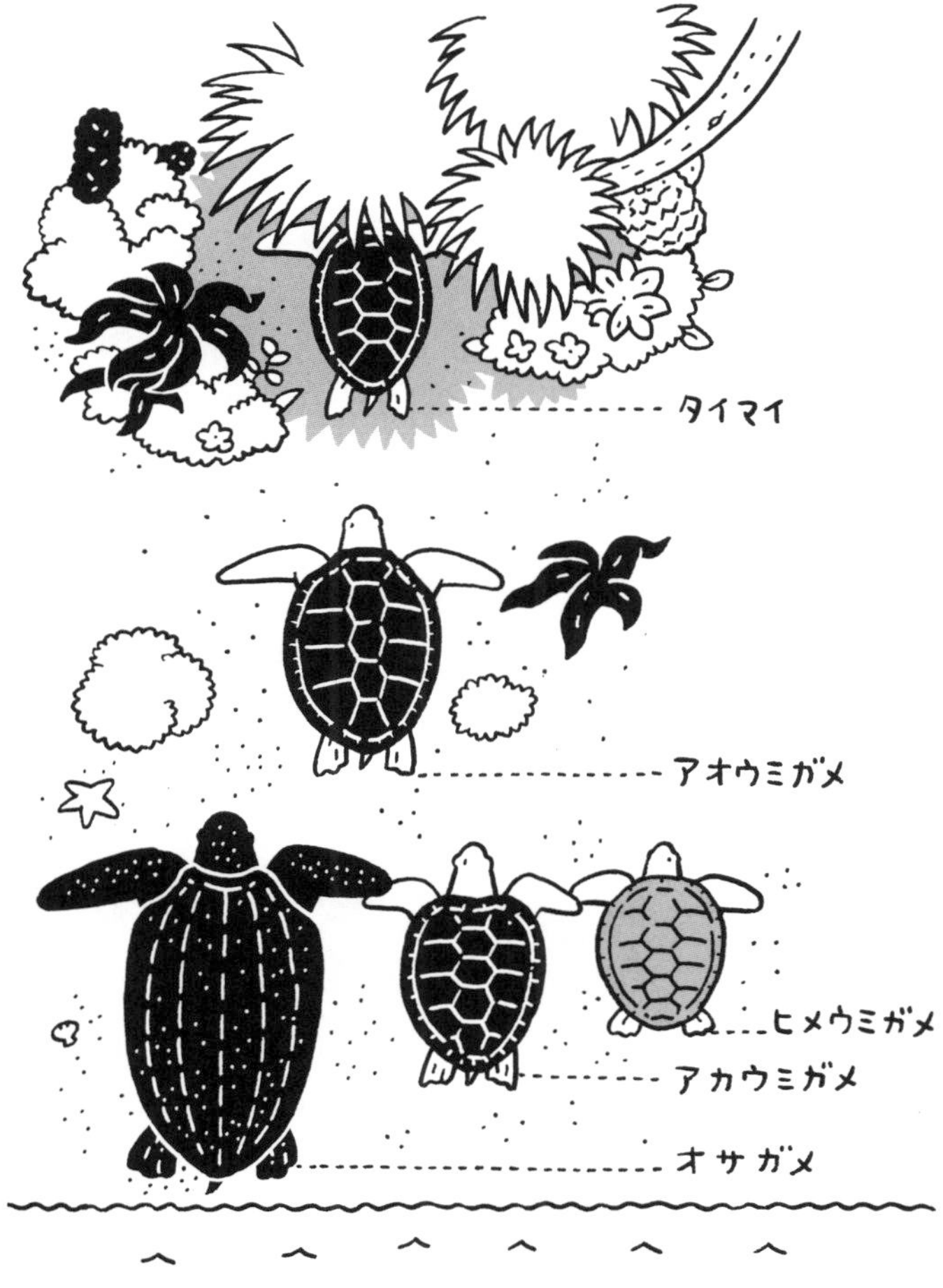

種別の産卵場所

「菅さん、これってカモフラージュじゃないんじゃないですか」

このことは、ずっと僕の頭の中にひっかかり続けていた。

ウミガメは卵を産み終わると、産み落とした卵を埋め、その後、前に進みながら前足で砂をかける。卵の位置をわからなくさせる行為だとされ、「カモフラージュ」と呼ばれる。肝心なのは、ここではない。オサガメが後ろ足で卵を埋めるのをみていると、卵の上にかけた砂を押し付けるように体重をかけて固めているのだ。大きなものだと500キロ以上にもなる、あの巨体でだ。

アカウミガメも産卵後、同じように押し付けて砂を固める行動をするし、ヒメウミガメも「ヒメのダンス」といって、卵の上で腹甲を左右交互に上下させバンバンとたたいて卵の上を固める。オサガメ、アカウミガメ、ヒメウミガメは、海岸のオープングラウンドで産卵する。一方、海岸の後背地や海岸上部の草付きに卵を産むアオウミガメやタイマイでは、こうした行動はみられない。

近藤さんの発した言葉をきっかけに、翌年2017年にオサガメの産卵巣を立体的にみることにした。

上陸したオサガメは産卵後に卵の上に片方の後肢で砂をかけながら、押し付けるように体重をかけて砂を固める。これを左右の後肢で交互に行い、卵の上をがちがちに固める。

その後、前に進みながら前肢と後肢でさらに卵の上に砂をかける。そのため固めた砂の上に柔らかい砂が25センチほど積もる。

その後、卵を中心として少し離れた場所に前肢で3か所くらい穴を掘る。結果として卵から少し離れた場所に柔らかい砂で満たされたくぼみができ、その深さは40センチほどだった。

つまり、最大で7メートルほどの大きさになる産卵巣全体は引っ掻き回されたようにみえるが、卵の上を頂点として傾斜のある固い砂の層が内部にできているのだ。

もちろん、産卵中のオサガメに気づかれないように計測し、穴埋めがはじまると遠くから見守った。そして、卵の位置がわかるように離れた場所に目印をつけ、翌日、産卵巣全体（オサガメが産卵上陸中に砂を引っ掻き回したところ）を、30センチメッシュに区切り、各交点の柔らかい砂の深さを折りたたみ定規で計測し、この結果が得られた。これは、これまで誰も気づいていない非常に重要なことだ。

その後のことだが、ワルマメディ海岸を歩いているとき、高波をかぶった産卵巣が目に飛び込んできた。高波は産卵巣全体にかぶるが、海水はオサガメが卵を埋めたあとに掘った周囲の穴のほうへと流れ、あっという間に消えていった。産卵巣の上は砂が固められているために海水が浸透することなく、周りに流れていったのだ。パプアの砂浜の浸透力がとても高いからだ。
オサガメの産卵巣は高波がかぶっても、卵が水没死することはない。少なくとも、オープングラウンドで産卵するオサガメ、ヒメウミガメの穴埋め行動は、多くの人が当たり前だと思っている食害防止のためのカモフラージュではない。おそらくアカウミガメも同様だろう。

オサガメやヒメウミガメに関していえば、波をかぶって卵が死ぬから移植するという理由は人の勝手な思い込みに過ぎない。アカウミガメについては実際に産卵巣の深さなど詳細な計測をしていないのでなんともいえないが、卵の上を執拗に固める点ではオサガメやヒメウミガメと同じで、同様の機能が働いていると考えたほうが理にかなっている（アカウミガメはオープングラウンドに産卵をするが、波打ち際の産卵は少ないのは、海岸の形状によるものだろう）。

最近ではあまりみかけなくなったが、夏の暑いとき玄関先などで打ち水をするのが日本の夏の風物詩だった。水は蒸発するときに熱を奪い温度を下げる。涼をとるための知恵が打ち水だ。

ウミガメの卵の性比は温度で決定する。オープングラウンドで産卵するウミガメたちはどうやって雌雄を決定しているのかが、僕にはずっと疑問だった。日本のアカウミガメなら、春から夏にかけての季節的変化などが考えられる。しかし、オサガメやヒメウミガメは熱帯で産卵をする。まだ推論の域を出ないが、波をかぶることでオスをつくり出しているのかもしれない。なぜなら、オサガメやヒメウミガメは、波打ち際で産卵することもあれば、海岸線から30メートルも50メートルも奥にある上部の草付き部分まで、広い場所で産卵するからだ。それでも、海岸の上部では高温によりふ化前後に死亡するカメもいるし、海岸の下部では高波で産卵巣ごと流されたり波をかぶって死亡したりする卵もある。

移植が妨げる母浜回帰

思い出してほしい。2章で「移植によって卵は地磁気を狂わされたのと同じ状態になってしまい、結果、生まれた海岸に戻れなくなる」と述べた。問題は水平回転にある。産卵から最小でも30分以上たって水平回転が起きると、産まれた稚ガメは母親から受け継いだ地球の磁気情報をかく乱される。この因果関係が実証できると、太平洋のオサガメがなぜ激減したのか——移植によって減少したことを証明することができる。僕らはいまこの問題に取り組んでいる。

僕の頭の中ではずっと、稚ガメが卵から頭を出した瞬間、全部の個体が同じ方向に向いているイメージがこびりついていた。それがただのイメージなのかを確かめるため、20

16年4月、パプアで実際に掘って観察してみることにした。産卵日から推定して、ちょうど卵から頭を出しているかなと思われる産卵巣をいくつか掘ってみた。なかなかタイミングが合わなかったのだが、ついに4月17日、稚ガメが卵から頭を出している産卵巣に出くわしたのだ。

何頭かがふ化していて、その多くは手も出ており（手が出てしまうと頭の方向が変わってしまう）、頭だけを出していたのはわずか4頭だった。が、やはり4頭とも頭は同じ方向を向いている。頭に浮かんでいたシーンが目の前にあるという不思議な瞬間だった。

なぜ、ふ化したての稚ガメがすべて同じ方向を向いているのか？　いくつかの解釈が成り立つ。

ウミガメは1ミリほどに発生した胚の状態で産卵する。発生はメスガメの体内ではじまるが、胚が1ミリ近くになると途中の段階で発生が止まり、産み出されると酸素が刺激となって再び発生が促される。胚は産み落とされると、3分以内に卵の上部に移動する。

僕は最初、胚自体がコンパスになっていて、くるくると回って一定の方角を指すのだろうと仮説を立てた。が、さまざまな実験をしたのだが、コンパス説は否定された。

次に、暗所で下からライトを当てるキャンドリング（卵に光を当てて中を見ること）をしてみた。産卵から8～12日ほどたつと胚が脳漿膜《のうしょうまく》にくるまり殻に固着するため、光を当てるとその様子をみることができるのだ。すると、初期の胚はいくつかの方向性をもつことがわかった。しかも、小笠原やモンペラン島、ワルマメディ海岸など各所で観察した結果、その方向は種や繁殖地によって異なることも明らかになった。

少々、難しい話になるが、ウミガメの卵は、受精卵の細胞分裂を卵割といい、卵の種類によってその様式が分類されている。ウミガメの卵は、爬虫類・魚類・鳥類などと同じで卵黄の動物極と呼ばれる一方の極で「盤割」と呼ばれる卵割をする。盤割は胚盤の部分だけで細分裂が行われ、胚は前後の軸が決定する。

これは、母性効果遺伝子と呼ばれるメスだけがもつ遺伝子によって決定される。ウミガメの回遊を考えた場合、このときに母ガメからの情報が遺伝的に組み込まれていると考えられる。ウミガメはエサを食べる索餌海域と繁殖する繁殖海域や海岸が離れている。なんらかの情報が母ガメから伝えられていないと、稚ガメは生まれた海岸に戻ってくることができない。

キャンドリングで得られた種や繁殖地による胚の方向性は、母性効果遺伝子が表現されたものではないだろうか。

初期から中期にかけて、胚は反時計回りで回転する。この反時計回りの回転を発見したのはＥＬＮＡの小笠原海洋センター職員の北山知代さんだ。現在、共同研究しているノース・キャロライナ大学のケニス・ローマン研究室の研究者からは、胚がふ化前に南北を向くことを確認したと連絡があった。ＥＬＮＡでも、初期胚後期から中期胚後期に反時計回りで回転し、最終的に胚が南北に向くことを確認している。

僕に与えられた最後の仕事

ローマン教授（僕はケンと呼んでいる）と共同研究をするきっかけは、２０１４年にケンの研究室の大学院生が書いた論文だった。それは、卵が地球から受ける磁場が変わると、どんな影響を受けるのかを調べたものだった。

どんな実験かというと、まず産卵直後の自然産卵巣の周りに強力な磁石を対に入れ、卵が地球から受ける磁場を強制的に変える。次にコイルケイジと呼ばれる一辺が3メートルほどの鉄筋の枠でできた立方体の中心に水槽を置き、そこへ生まれたばかりの稚ガメをすぐに放つのだ。この手づくりのコイルケイジは、電流を調整して流すことにより地球上のあらゆる場所の磁場をつくることができる。

ケンたちが実験を行ったノース・キャロライナの海岸からフロリダ州までの東海岸はアカウミガメの大産卵地で、ふ化した稚ガメは、メキシコ湾流とその延長上にある北大西

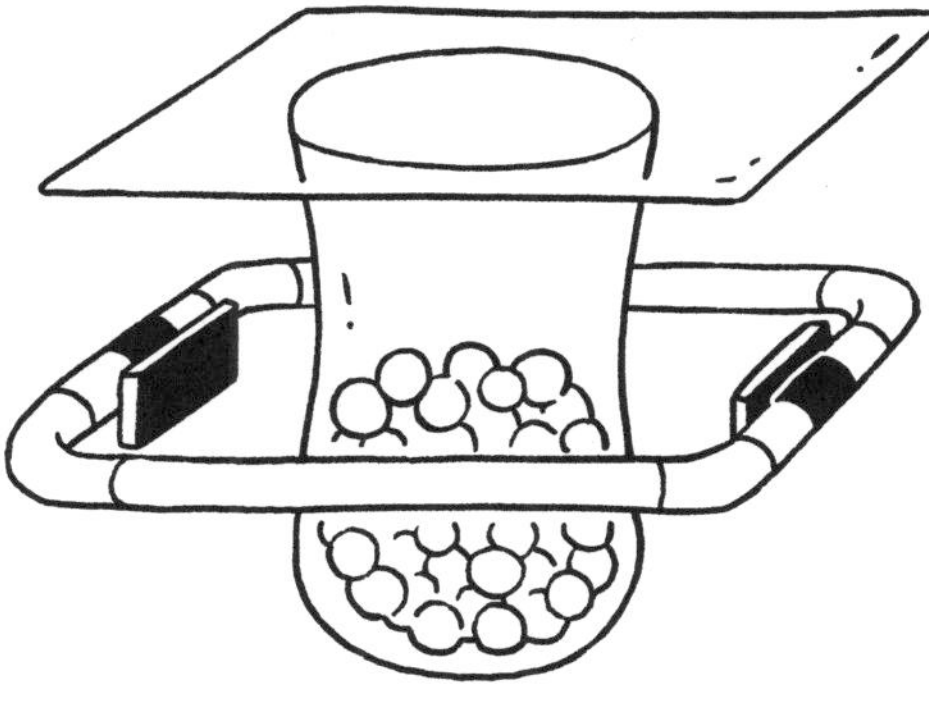

自然産卵巣の周りに磁石を入れる

コイルケイジで囲った水槽に稚ガメを放つ

Matthew(2014)を改変 - ケニス・ローマン博士研究室の大学院生

洋海流によりヨーロッパ西部まで数年かけて流される。大西洋東部で10年以上過ごしたのち、南下するカナリア海流に沿って、ポルトガルの首都リスボンから南西1000キロにあるマデイラ諸島（北緯33度、西経16度付近）を通り、アメリカの東海岸に戻ってくる。そのときはまだ未成熟で、成熟までにさらに10年以上を要する。

コイルケイジでマデイラ諸島の磁場をつくり、水槽に稚ガメを入れる。20〜30頭の稚ガメがどちらに向かって泳ぐのかの方向を調べ、統計処理をしたのだ。

結果はというと、自然の産卵巣から産まれた稚ガメは南西方向に集中した。南西は未成熟ガメがマデイラ諸島からアメリカ東海岸へと向かう方向だ。

一方、強力な磁石を入れた産卵巣から産まれた稚ガメはバラバラな方向を向き、方向性をもたなかった。結論として、「磁場を狂わされた卵から産まれた稚ガメは、産まれた海岸に戻れない」とまとめられていた。

この論文を読んで、僕はすぐあることに気がついた。視点をどこに置くかの問題だ。磁石の実験は卵からみると、産まれ落ちた場所の磁気方向を狂わされたことになる。逆に、磁気方向を固定（つまり地球の磁場そのままに）して考えると……卵を水平回転したのと同じことになる。移植時にはどんなに注意しても、間違いなくこの水平回転が起きている。

すぐにケンと連絡をとり、国際シンポジウムが開催されたとき、直接、このことについて話をした。

「ケンがやった研究は、移植時に必ず起こる」

「僕らは論文を書くのが目的ではない。ウミガメを絶滅させないために、移植を世界中からやめさせたい。それだけなんだ」

ケン自身は移植にまでは考えが及んでいなかった。そこで、さらに磁場が卵に与える影響を調べるために、共同研究をすることになったのだ。研究者同士の共同研究ではなく、お互いに情報交換をしながら調査方法を考え、結果を出していくというものだ。ケンはこういってくれた。

「何年かかるだろうか。少なくとも3年じゃ終わらないだろうね。じっくりと一緒にやっていこう」

ケンは本当にいい人だ。僕が尊敬する数少ないウミガメ研究者だ。

僕らも独自に調べてみることにした。磁石によって磁場を変えるのではなく、卵を回転させる実験を行ったのだ。産まれた卵をそのまま30分〜2時間後に時計回りに90度回転させて、初期の胚をキャンドリングしてみた。先に述べたように、胚には方向性があるので、最初に90度ずらしたのだから、本来なら90度ずれて胚の方向が決まるはずなのだが、胚に方向性は出なかった。ケンの学生の論文と同じ結果だ。

同様の実験を、これまでに小笠原のアオウミガメ、ジャワ海のタイマイとアオウミガメ、パフアのオサガメ・ヒメウミガメ・アオウミガメで行った。アカウミガメに関しては、2019年に宮崎県で行うことができた。このときは宮崎野生生物研究会の方に大変、お世話になった。宮崎はアカウミガメの産卵数が多いはずだったが、僕らが行った時期が早過ぎたようで、自然産卵巣は4巣しか実験することができなかった。

調査数は少なかったが（しかも前半は記録的な大雨で、散々な調査ではあったが）、結果としては自然産卵巣では初期の胚は方向をもち、ふ化場のものは方向をもたないということが明らかになった。

さらなる調査が必要だが、移植がウミガメを絶滅に追い込んでいるという〝論理的〟な証明ができそうだ。いや、僕は意地でもこれを証明しなければならない。

オサガメはマレーシアで絶滅し、メキシコやコスタリカでは絶滅寸前。これら3国の共通点は全卵移植だ。そして、太平洋でのオサガメの減少はマグロはえ縄漁のせいにされている。太平洋最後の砦であるパプアのオサガメを増やすことが、ELNA、そして僕に与えられた最大の仕事になるのだろう。

おわりに

僕は流れの中にいる。ただ自分の進む方向をみつめているだけだ。

中学の卒業式が終わった夜、父は僕にこういった。

「俺の義務は終わった。あとは自分で考えて自分で生きろ。高校や大学に行くなら、学費だけは出してやる」

きっと、そのときに僕の人生の歩み方が決まったのだと思う。
そのときの父の年齢もはるかに過ぎて、
やっと自分自身で流れの存在を感じて生きていることを実感している。
自分自身の足で歩いて、こうして生きていけることに感謝している。
ウミガメも流れとしてとらえれば、いろんなことがみえてくる。

自分から小笠原に押しかけてウミガメの世界へ入ったものの、流れに流されっぱなしで、正直いえば「なんで僕がそこまで？」という思いは常にあった。とはいえ、ウミガメたちの現状を知ってしまったものの責任として意地になってやってきた。しかし、いま改めて振り返ると、人に生かされてきたと思う。

＊

ひとつの出会いやひとつの発見からどんどん輪が広がり、行き詰まったときにはその都度、不思議と助けてくれる人が現れた。もともと、社交的でない僕がここまでの人とのつながりを築けたのは、「ウミガメ」がいてくれたからだ。

多くの出会いのなかで、僕の人生を決定づけたのは間違いなく当時の小笠原水産センター所長の倉田さんだ。

倉田さんは戦時中、日本が委任統治していたパラオで水産高校に通っていて、17歳のときに現地召集を受けた。配属されたのはアンガウル島。直径1・5キロの小さな島に、ほどなく2万ものアメリカ兵が上陸する。多くの仲間が玉砕していくなか、3人の仲間と島のいたるところにある洞窟に隠れ、突撃するか、降伏するか、自決するか、生き延びるか――半年もの間、毎日、葛藤しながら逃げていたという。

終戦後、ハワイで捕虜生活を送り、１９４８年に日本に戻ってきたものの仕事はなく、なり手がいなかった東京都水産試験場に職を得た。最初は大島の水産試験場に配属され、小笠原が日本に返還される前日に小笠原の二見港に入り待機をし、１９６８年6月26日、父島に上陸。小笠原水産試験場の初代所長さんとなった。

髪が長くて、いつも探検家がかぶるような帽子をかぶっていた。僕にスキューバダイビングを教えてくれたのも倉田さんだった。教えるといっても、潜るときに「俺のあとについてこい」のひと言だけ。倉田さんは、人と激しく口論する人ではない。黙々と自分の信じる道を歩んでいた。多くを語らず自分の後姿を示してくれた。

倉田さんは、２０１８年11月23日に亡くなられた。92歳であった。

現場の知識をすべて教えてくれた〝ウミガメの兄貴分〟が水産センターの元職員、木村ジョンソンさんだ。カメのひっくり返し方、包丁の使い方、卵の探し方、ウミガメに関するすべてのことは彼から教わった。

ジョンソンさんは「在来」と呼ばれるハワイから来た人の子孫だ。アメリカ人として生まれ、小笠原が日本に返還された1968年に20歳で日本人になった。夜、一緒に船で海岸を回ってカメを捕まえて標識をつけたり、一緒に素潜りでエビをとったり（もっぱら潜るのはジョンソンさんだったが）、砂にまみれ、酒を酌み交わす毎日を過ごした。そこにはもちろん、焼酎好きの倉田さんもいた。酒の肴はいつも倉田さんがつくってくれた。酒を飲みながら、人生を語った。そんな、ウミガメ三昧・酒三昧の日々をいまも懐かしく思い出す。

若き日、小笠原でともにウミガメと格闘をした仲間には、諌山英一さんもいる。諌山さんは、大学卒業前に「一緒にウミガメで大儲けをしよう」と話していた仲間の一人だ。僕が小笠原に渡って1年たった頃、諌山さんに「おもしろいから小笠原に来ないか」と声をかけると、「わかった。明日会社辞めていくよ」と、本当に翌週の定期船で小笠原にやって来たのだ。じつは、本文で語ったふ化場によしずをかけてふ化率を格段に上げることに成功したのは、諌山さんのアイディアである。

数年後、家の事情により小笠原を離れることになったが、いまでも妻の明子さんともども（明子さんも水産センター時代の仲間だ）、僕のウミガメの仕事に協力してくれている。会計事務所を経営している諌山さんは、ELNAの監事でもある。本当に長いつきあいだ。

1995年、インドネシアでのタイマイ調査に同行してくれたのが、新谷敦史さんだ。その年の夏、小笠原にボランティアに来た流れでタイマイ調査に一緒に行ってくれた(しかも、翌年も)。

2014年から日本のタイマイ調査を3年間石垣島でやることになり、久しぶりに再会をした。石垣島での調査は新谷さんと彼の娘の希乃風《ののか》さん、時期は違うがかつて小笠原でボランティアをし、現在、石垣島在住の栗原夏香さんも手伝ってくれた。新谷さんはボランティアの頃は学生だったのに、いまでは立派なおじさんだ。石垣島のスポーツ進展に力を入れている。

同志としてともに戦ってきたのが岡山理科大学教授で動物学者の亀崎直樹さんだ。亀崎さんと知り合ったのは、彼がまだ京都大学の大学院生だった頃で、ある研究者を紹介してもらいたくていきなり研究室に電話をしたのが最初だったと記憶している。

一緒に日本ウミガメ協議会を設立したのは、日本におけるウミガメ関係者のネットワークづくりと全国の標識と測定方法の統一、日本のウミガメの情報を知るために年に1回日本ウミガメ会議を開催することであった。ただ、絶対に研究者が集まり発表するような学術会議のようにはしないと二人で決めていた。年に一度集まって、各地の産卵数などをまとめ、各地でウミガメに関わっている人たちの気持ちをひとつにしようというものであった。そのためには、こたつに入りながら、みんなでワイワイガヤガヤいいながらお酒を飲むに限る。これが僕らの真の目的であった。

一緒にELNAをつくった田中真一さんとのつきあいも気づけば、ずいぶんと長いものになる。大学生だった彼が小笠原海洋センターにボランティアに来たのがはじまりだ。センターの人手が足りず連絡をすると、「わかりましたー」とすぐに駆けつけてくれ、授業を休んで1か月以上手伝ってくれた。大学を卒業し青年海外協力隊に行くときには、わざわざ小笠原まであいさつに来てくれた。「戻ってきて職がなかったら、うちに来いよ」とエールを送ったが、僕は本気で彼と仕事をしようと思っていた。そして、互いに紆余曲折ありながら、二人でELNAを立ち上げることになった。ELNA設立当初は毎晩二人で酒を酌み交わした。飲みながら話すことはウミガメのことばかり。とにかく一緒にいて楽で（これは最上級の褒め言葉だ)、頼れる事務長である。

現在、海外からサポートしてくれているのが石崎明日香さんだ。小笠原のウミガメを修論のテーマにしたいと相談されたことが出会いのきっかけだった。生物学的な研究ではなく、小笠原ではウミガメがどう人々に根づいているかという文化社会学的なアプローチで、僕自身、考えもしなかったことだったので新鮮だった(その論文は国際ウミガメシンポジウムで発表され受賞した。彼女が受賞したとき、僕は人前にもかかわらず涙を流してしまった)。

彼女は現在、ハワイにある The Western Pacific Regional Fishery Management Council でウミガメ関係のプロジェクトに携わっていて、パプアのオサガメ調査依頼やアメリカでのウミガメの混獲の考え方などを教授してくれる。

また、東京大学大気海洋研究所の佐藤克文さんも、僕に刺激を与えてくれる一人だ。佐藤さんとのつきあいはすでに述べたが、彼の発想力にはいつも驚かされ、感心させられる。

佐藤研究室の大学院生の方とは長いつきあいがあり、日本の大学の助教になった方もいて、日本のウミガメ研究の幅が広がっている。佐藤研究室の方とは、文中に書いたインドネシアでのヒメウミガメの追跡調査のほか、千葉県や小笠原での剖検調査やロガーを使った調査を行っている。また佐藤さんがマレーシア政府から依頼されたアオウミガメ調査にも同行させていただいている。

もう会えなくなってしまった人もいる。インドネシアで通訳をしてくれていたアキルさん。現地法人を勝手につくってしまったのには驚いたが、オサガメなんて増やせっこないと躊躇していた僕の背中を押してくれた。

財団法人東京都海洋環境保全協会時代、事務局長をされていた中山寛さんへの思いは、感謝という言葉だけでは言い表せない。インドネシアのタイマイ保全を行うため、僕がたった一人で勝手につくった「海洋生物研究室」を有楽町にあった財団の事務所におくことを認めてくださったばかりか、財団が解散したあと、ELNAの理事として副会長を引き受けてくださった。僕の母と同じ年代で、2013年に亡くなられた。中山さんがいなければ、いまの僕はなかっただろう。

ELNAが発展したのは現理事の方々のおかげである。僕のわがままでELNAの会長を退いたとき、快く代表理事を引き受けてくださった中山（大島）典子さん、現副代表理事の藤野彰さん、理事の高橋恵美子さん、亀井陽太郎さん、東京海洋大（元水産大学）の初代ウミガメ研究会の副会長であった市川（塚田）直美さん、これからもよろしくお願いします。

まだまだ、ここには書ききれないくらいの多くの人との交流がいまの僕をつくっている。ウミガメに関しては海外の学者たちも温かく僕を見守ってくれている。立場に関係なく信頼関係が築かれている。

小笠原時代、内地に戻って高校や大学時代の友人に会ったとき「仕事、なにしてるの？」と聞かれて、「ウミガメ」と答えるとあきれ返られた。正直いえば、仕事のことを聞かれるのがものすごく恥ずかしかった。堂々と「ウミガメをやっている」といえるようになったのはごく最近のことだ。僕のウミガメ人生はこうして、多くの人によって支えられてきた。

また、本書の執筆を勧めてくれた高校の同級生でもある方丈社の宮下研一さん、3年以上もかかり叱咤激励し編集していただいた方丈社の小村琢磨さん、僕の話をうまくつなげてくださった鈴木靖子さん、ありがとうございました。

菅沼弘行

すがぬま・ひろゆき

認定NPO法人エバーラスティング・ネイチャー常勤理事

1953年、兵庫県西宮市生まれ。9歳の時に東京に引っ越す。
東海大学海洋学部海洋科学科卒。
23歳の時に、小笠原の小笠原水産センター（当時）に
直談判に行き研修生となる。
その後、㈶東京都海洋環境保全協会が所有する
小笠原海洋センターの副館長をつとめる。
22年間住み着いた小笠原を離れ、財団本部の海洋生物研究室長。
財団が解散後、特定非営利活動法人エバーラスティング・ネイチャー（ELNA）を
立ち上げる（元会長、現常勤理事）。

日本ウミガメ協議会設立副会長、国際ウミガメ学会理事（2001-2005）、
ウミガメニュースレター編集委員会設立編集委員長、
小笠原観光協会副会長、小笠原ホエールウォッチング協会
設立メンバー調査委員長などを歴任。
現在、国際自然保護連合（IUCN）・種の保存委員会（SSC）・
ウミガメ専門グループ委員（MTSG）。
ただひたすら、人と自然との関係を見つめ続けている。

https://www.elna.or.jp/

STAFF

装丁
寄藤文平+古屋郁美
（文平銀座）

イラスト
北谷彩夏

構成
鈴木靖子

DTP
山口良二

ウミガメは100キロ沖《おき》で恋《こい》をする

絶滅から救うため「ウミガメ保護」と
45年間闘ってきた男の全記録

2021年6月29日　第1版第1刷発行

著者 ● 菅沼弘行《すがぬまひろゆき》

発行人 ● 宮下研一

発行所 ● 株式会社方丈社
〒101-0051
東京都千代田区神田神保町1-32 星野ビル2階
tel.03-3518-2272 ／ fax.03-3518-2273
ホームページ https://hojosha.co.jp

印刷所 ● 中央精版印刷株式会社

ISBN978-4-908925-79-5